私たちの住む地球の将来を考える

生活環境とリスク

勝田 悟 著

はじめに

　生態系は自然の一部です。そして人間は生態系の一部です。自然を破壊すれば人間の生存できる可能性は低くなります。生態系を破壊すれば、さらに早く生存できる可能性は低くなっていきます。人の地球上での「持続可能性」は、人の活動によって変化します。さらに「持続可能な開発」となると、一層難しくなってきます。人の活動や人工物は、これまでの自然のシステムの中では異質な存在です。異質さは、人の生活にリスクを生み出し、さまざまな危害をつぎつぎと発生させます。

　生活環境はとてもナイーブなもので、自然のちょっとした変化で知らぬ間に変化してしまいます。長い時間がかかって変化してしまうリスクは、短期間で見過ごしてしまいそうな小さな変化であっても、突然大きな危害となって現れてしまうこともあります。

　人は、「有限な地球で果てしない欲求の追求」を続けています。目に入らないリスクや目から遠ざけているリスクが存在しています。特に自然に関わるものは予想できないことが多いため、実感を持ってリスクに対処することは簡単にはできません。

　しかし、自然を理解し、開発の考え方を変えていけば、自然のメカニズムに近づけていくことはできます。身近なところから少しずつ環境リスクの原因を減らし、その要因そのものをなくしていくことが必要です。

　本書では、人の活動を、エネルギーを中心とした「サービス」と物質的な豊かさの要因である「もの」に焦点を当て、これまでの経緯と現状に基づき、これからのあり方を考えていきます。「サービス」は、エネルギーを中心に考え、自然エネルギー、化石燃料、核エネルギー、及び人の活動の源である食について取りあげています。「もの」は、身の回りにある物質に焦点を当て、その性質と生活環境に与える影響を取りあげました。

生活環境に関連するリスクに注目して頂き、まず身の回りに存在する環境リスクからの影響を最小限にして頂き、現在広がりつつある環境リスクを減らすための生活を考える機会になって頂ければ幸いです。
　最後に、本書の出版に当たり大変お世話になった産業能率大学出版部 坂本清隆氏に改めて感謝する次第です。

2015年6月

勝田　悟

目　　次

はじめに ……………… *i*

第 1 章　サービス　　*1*

第 1 節　エネルギーの消費 ……………………………… *2*
　(1)　エネルギーの特徴 ―― *2*
　　❶自然界に存在するエネルギーと最適な利用 ……… *2*
　　❷石油戦略 - 国際的な対立に翻弄される
　　　　　　　　　　　　石油の供給と消費 - ……… *8*
　　❸新エネルギーの普及 - 軍事開発から平和利用として
　　　　　　　　利用された核エネルギー - ……… *18*
　　❹自然エネルギーの利用とリスク ……… *23*
　　❺エネルギー価格と化石燃料の資源量 ……… *33*
　　❻経済的な誘導
　　　　　- 再生可能エネルギー普及の可能性 - ……… *38*

第 2 節　エネルギーの性質 ………………………………*47*
　(1)　再生可能エネルギー ―― *47*
　　❶バイオマス（有機物）エネルギー ……… *47*
　　❷水力エネルギー ……… *50*
　　❸風力エネルギー ……… *54*
　　❹雪氷エネルギー ……… *57*
　　❺太陽光エネルギー ……… *59*
　　❻地熱エネルギー ……… *63*
　(2)　枯渇エネルギー ―― *69*
　　❶化石エネルギー ……… *69*
　　❷核エネルギー ……… *78*

(3) 食のエネルギー ── 85
　❶高付加価値化した食卓 ……… 85
　❷農業技術 ……… 98

第2章　もの　　　　　　　　　　　　　　　　　　　109

第1節　資源と廃棄物 ……………………………………… 110
(1) LCA (Life Cycle Assessment) ── 110
　❶ものと廃棄物 ……… 110
　❷製造物の環境責任 ……… 111
(2) 資源と環境経営 ── 120
　❶汚染被害の負担 ……… 120
　❷自然の持続可能な利用 ……… 126

第2節　変化するリスク ……………………………………… 131
(1) 身近なリスク ── 131
　❶有害物質の摂取と曝露 ……… 131
　❷放射性物質
　　－地球に存在しなかった物質の拡散－ ……… 133
　❸紫外線 ……… 145
　❹地球温暖化 ……… 147
　❺生態系の変化 ……… 155
(2) 拡大した環境責任 ── 166
　❶割れ窓理論 ……… 166
　❷ライフサイクルマネジメント ……… 169
　❸鉱物資源のマテリアルリサイクル ……… 173
(3) 生活の変化 ── 175
　❶技術の発展 ……… 175
　❷環境コミュニケーション ……… 186

第3章　生活環境リスクの指標　　*199*

第1節　再発防止 …………………………………… *200*

第2節　新たな成長指標 …………………………… *201*
  (1) 人間開発指数 —— *201*
  (2) 幸福度 —— *202*
  (3) ミレニアム開発目標 —— *203*

第3節　CSR（企業の社会的責任）………………… *206*
  (1) 対立から社会的責任 —— *206*
  (2) CSR レポート —— *206*
  (3) SRI（社会的責任投資）—— *209*

第4節　グリーン経済 ……………………………… *211*
  (1) 国連持続可能な開発会議 —— *211*
  (2) 環境効率 —— *213*
  (3) SDGs —— *216*

読者の皆様へ　　*219*

【参考文献】…………… *223*

【参照HP】…………… *225*

索引 ………………… *226*

第1章
サービス

　人類は、人為的に作られた「サービス」と「もの」によって生活が支えられています。本書においては、「サービス」とは、人が移動したり、食糧や物を運んだり、照明で明るくしたりすることで、有形ではない財を意味しています。サービス業となると、運送業、飲食・ホテル業、各種コンサルタント・シンクタンク、インフラストラクチャーなど生活関連の社会資本、著作物関連などがあり、環境学の立場からは自然資本もテリトリーに含まれます。

　対して「もの」とは、鉱物資源から精錬加工して作られる製造物のことで有形である財のことです。有形であることから化学物質（さらにミクロにすれば素粒子）で構成されており、製造物はいずれはすべて廃棄物となります。ただし、サービスにおいてもエネルギー消費などで二酸化炭素、放射性物質など環境破壊物質が発生しています。

　本章では、エネルギーから得られるサービスについて、自然エネルギー（再生可能、枯渇）と人が生きるためのエネルギーである食について考えていきます。

第1節 エネルギーの消費

(1) エネルギーの特徴

❶自然界に存在するエネルギーと最適な利用

　エネルギーには、化石エネルギー、再生可能エネルギー、原子力エネルギーがあります。人類は、自然から得られるエネルギーを生活の中で上手に利用してきました。最初は人力のみで行ってきたものを、自然の性質を理解することによって使いこなしてきました。自然の風や川の流れなどの力を利用し、継続して繰り返し利用できる力を得て仕事をさせてきました。

　人が技術を手にして、人口が増加し、大量の資源が必要になると同時に、エネルギーの需要も拡大していきました。しかし、再生可能エネルギーは、エネルギー密度が小さいため大量に供給するのは困難です。現在の人類の生活を支えるために大量にエネルギーの供給を可能にするには、大量の資源を使い再生可能エネルギー生成装置を作ったり、自然を切り開いたり、自然環境に影響を与えたりしてしまう可能性は非常に大きいと考えられます。

　なお、エネルギー密度とは、エネルギーを生み出すために必要な燃料容量や重量など、単位エネルギー当たりの数値化された量を示しています。例えば、自動車ではある距離を走るために必要な燃料の量を求めることで、その自動車のエネルギー密度が定まります。いわゆる単位燃料当たりに仕事（エネルギー）をする量が、エネルギー密度の大きさということになります。一般に自動車の燃費は、単位燃料当たりの走行距離で示されており、キロメートル（km）/リットル（ℓ）で表されています（または、一定のエネルギーを得るための燃料）。電気量の単位は、キロワットアワー（kilowatt hour：以下、kWhとする）で表記され、1kW（仕事率）で1時間使ったときのエネルギー（熱量、または仕事）です。すなわち、再生可能エネルギーによる発電では、一定のエネルギーを得

るために化石燃料などと比べ大量の施設が必要となることからエネルギー密度が小さいということとなります（燃費が悪いことに類似しています）。

ただし、自動車が動くために消費される燃料は、1990年代には十数パーセントしかなく石油価格上昇に伴い効率化が進められました。車体を軽くし、エンジンや駆動部分の効率を向上させ、空気抵抗を低下させ、駆動時もアイドリングストップなどを行いました。その結果、燃費は飛躍的に向上、テレビコマーシャルでもこの高燃費性能が経営戦略として燃費数値が示されるようになりました。それ以前には全く考えられなかったことです。

このような省エネルギーは、単位当たりの目的の仕事に使用するエネルギー量を増加させることになります。個人や企業にとっては、経済的な節約として取り組まれますが、人類、または国レベルから見れば、実質的にエネルギー資源が増加したことになります。したがって、エネルギー資源がないわが国にとって省エネルギーを推進することは、エネルギー資源を新たに確保することに相当することになります。

すなわち、省エネルギーはエネルギー密度を向上することにもなり、再生可能エネルギーの利用において省エネルギーの推進は極めて重要な開発といえます。エネルギー需要と供給を通信網で繋ぎIT(Information Technology)で制御して効率化するスマートグリッド（smart grid：賢い電力網）はその一つの方法です。今後、再生可能エネルギーを利用した発電、動力などの関連設備、機器に技術開発が進められていくと考えられます。開発が進むとエネルギー生成施設の減少が実現し、サービス量の増大が物質資源の減少にも貢献できます。わが国の省エネルギーに関する法政策に関しては、熱管理法の代替法として、1979年に「エネルギーの使用の合理化に関する法律」（2014年より「エネルギーの使用の合理化等に関する法律」。以下、省エネルギー法とする）が制定され、一定の判断基準が政府より示され、国家機関及び企業によって技術開発が行われています。

図表1-1　デンマークのウインドファーム（ユトランド半島）

　デンマークでは、1973年の第一次オイルショック以降、風力発電をはじめ再生可能エネルギーによる発電の導入を積極的に進めました。特にユラン半島（ユトランド半島）には多くのウインドファームがあり、サムソ島など再生可能エネルギーの普及が進んでいます。ただし、人口は約578万人、人口密度134.4人／平方キロメートル（2018）とエネルギー需要が小さいため、エネルギー密度が小さい再生可能エネルギーで多くが賄えることになります（日本は、人口1億2,667万人、340.8人／平方キロメートル：2017）。また、スウェーデン（バイオマスでの発電）、ノルウェー（水力による発電）と電力網を接続し、相互で送受電し供給不足にならないように調整しています。この電力の送受電の調整もスマートグリッドといえます。

　再生可能エネルギーでは賄いきれなくなった人類の需要を満たしたのは化石燃料です。化石燃料には、石炭、石油、天然ガスがあります。これらは、地球に存在していた生物（微生物及び植物）の死骸が化学変化し生成したもので、成分の中にはイオウ（酸化し、イオウ酸化物［SOx：ソックス］となり大気中の

水分と結合し硫酸となります)、窒素(酸化し、窒素酸化物［NOx：ノックス］となり水分と結合し硝酸となります)があり、酸性雨・酸性霧・酸性雪の原因となります。また、石炭は微量の水銀も含有しており、燃焼するとばい煙と同時に環境中に拡散しています。

　他方、4億～5億年前に地球の上空にオゾン層が形成されたことによって、生物を死滅させる紫外線(遺伝子に損害を与えます)が遮断され(オゾンに吸収されます)、地上に生物が繁殖しました。植物の光合成によって地球上の二酸化炭素(気体)が、有機物(固体)に固定化され、大気中の二酸化炭素の濃度は減少しました。二酸化炭素は、宇宙からやってくる光(電磁波)、及び地上からの輻射される熱(赤外線)を吸収していたため、この効果が減り地球上の気温は低下しました。すなわち、現在大量に消費している化石燃料は、太古の地球に存在していた二酸化炭素が固定化されたもので、私たちが燃焼することで、地球を太古の不安定な気候の世界へ少しずつ戻していることになります。

　地球上では、自然の作用により数億年もかかって二酸化炭素の固定化を行い、現在のような安定した気温の状況を作り上げましたが、人類は化石燃料を18世紀にはじまった産業革命以降急激に消費(燃焼)し、その傾向は抑えることはできません。地球温暖化による気候変動が国際的に問題となり、至る所で自然現象の変動及び被害が顕著になってきています。しかし、自然の複雑なメカニズムは解明されていない部分が極めて多く、人類が排出する二酸化炭素の総量(または大気中の二酸化炭素の比率)と地球気温の変化に高い相関関係(関係がある可能性が高い)があり、その変化と気候変動の変化が連動した傾向がわかっていても、他にも多くの変動要因があり化石燃料の消費と地球温暖化、地球温暖化と気候変動との因果関係があると認めない政治家、自然科学者が数多くいます。

　また、エネルギーとして使用する場合、動力、熱(高熱、温熱、冷熱)、照明、電子画像などになる電気とすることによって、生活で便利に使用することができます。電気は、二次エネルギーといって加工して作られます。コンセントプラグから供給される電気は、遠く離れた発電所で作られています。火力発電で

は、石炭、石油、または天然ガス、あるいは廃棄物を燃やして作られた水蒸気に圧力をかけ、高速でタービンを回すことによって発電しています。したがって、電気自動車に乗っているからといって環境負荷がないわけではありません。火力発電所で発電した電力で電気が供給されていれば、汚染地を遠くに離しただけのことです。送電ロスの具合によっては、電気自動車はエコカーではなく、高い汚染を発生させる自動車（遠くの発電所のまわりを汚染している汚染源）になります。原子力発電も核反応で高温を生み出し水蒸気を作ります。水力発電は、水の流れ（位置エネルギー）を利用し、風力発電は風（空気の流れ）を利用し、タービンを回し電気を作っています。

その他、燃料電池は、水素と酸素（空気に含まれる酸素）を反応させ、水（H_2O）を生成する際に発生する電子を利用します。発電所用の大きな燃料電池施設の実用化実験も成功していますが、自動車や家庭用に使用される燃料電池は小型のものです。環境リスクとして問題となるのは、水素を作る方法です。天然ガス、石油の分子に着いている水素を分離して使用する場合、残りの分子にある炭素が二酸化炭素として発生します。処理が悪いと、その他の原子で構成される分子も環境中に放出されます。したがって、エコカーと同じで、使用しているときは環境負荷が少なくても、燃料を生成しているときに環境汚染を起こしている可能性があります。ただし、電気を作る効率が良いことが予想されますので、総合的には環境リスクは少なくなっていると思われます。水素を作る際も再生可能エネルギーなどを利用して作られれば環境負荷は少なくなる可能性があります（再生可能エネルギーを生成する際に自然破壊などを起こしていないことが前提となります）。

どのようなエネルギーを使うにしても環境負荷が発生します。その環境負荷量を把握しておくことが最も重要なことです。そして、個々のエネルギー生成の性質を考慮して環境負荷を最小限にできる組み合わせを実現していくことが必要です。これには、まずエネルギーの生成方法と消費方法を最適に管理しなければなりません。この方法として、エネルギーマネジメント

システム（Energy Management System：EnMS）が進められています。ISO（International Organization for Standardization：国際標準化機構）では、ISO50001で既に規格化しており、シューハートシステム（PDCAシステム：Plan［計画］→ Do［実行］→ Check［評価］→ Act［改善］）に基づいて国際的に進められています。

具体的には、住宅を対象としたHEMS（Home Energy Management System：通称、ヘムス）、ビルについてはBEMS（Building Energy Management System：通称、ベムス）、工場についてはFEMS（Factory Energy Management System：通称、フェムス）、地域管理に関してはCEMS（Cluster/Community Energy Management System：通称、セムス）といったエネルギーの供給と需要についてIT技術を最大限に利用したシステムがあります。CEMSは、前述のスマートグリッドにおいても重要な管理システムになっており、HEMS、BEMS、FEMSの全体を統合管理しています。また、BEMSは、ビルに設置された空調、照明、オフィスオートメーションなどの電力使用量を監視、制御するシステムであるため、以前、ビル建物の省エネルギー普及が期待されていたESCO（Energy Service Company：通称、エスコと呼ばれます）事業に代わってエネルギー資源の生産性向上の可能性が出てきました。

ESCOとは、建物の事業者に省エネルギー用の設備や技術、省エネルギー診断・ソリューション（コンサルティング）、資金を提供（一種のファイナンス・リース）し、改装後に省エネルギーで削減されたエネルギーコスト分から代金、収益を回収する事業です。1990年代から米国で注目され、わが国でも業界団体も作られましたが、リース取引に関する会計基準（企業会計基準第13号：国際会計基準［International Accounting Standards：IAS］第17号［リース］に対応）が2007年に改正され、2008年から所有権移転外ファイナンス・リース取引に関しては賃貸借処理（オフバランス取引：「簿外取引」とも呼ばれ、貸借対照表に計上されない取引）が認められなくなり、ESCO売買取引はオンバランス取引となったことで資金調達のメリットがなくなり（ただし、オペレー

ティング・リース取引は、オフバランス取引が認容されています）、その後下火となりました。エネルギーマネジメントシステム普及に関しても、ファイナンス面（財源、金融、資金調達面）に関する安定した社会システムが必要です。最も身近なシステムは、家庭で消費する電力をモニターで監視し、エネルギーの節約ができる HEMS といえますが、詳細な経済的メリットを見えるようにしなければ普及は望めません。

　これらシステムが活性化すれば、省エネルギー及びエネルギーの安定供給を図ることができ、エネルギーの無駄を省くことでイオウ酸化物、窒素酸化物など有害物質や二酸化炭素など地球温暖化原因物質の排出を抑制することも期待できます。さらに CEMS、スマートグリッドで地域のエネルギーを管理することで停電など不測の事態も防ぐことができ、犯罪防止・安全保障面からもリスク回避機能の飛躍的な向上が可能となります。

❷石油戦略 ── 国際的な対立に翻弄される石油の供給と消費 ──

　石油は、化石燃料の中でも液体で熱量も多く、使いやすさから最も普及しているエネルギーです。しかし、1973年と1979年に2度発生したオイルショックと呼ばれる石油価格の上昇で、安定して得られるエネルギーではないことが世界各国に知らしめられました。

　1973年（～1974年）に発生した第一次オイルショックは、第四次中東戦争でアラブ国家と武力衝突をしたイスラエルを支持した米国、オランダ、英国、フランスなどへの対抗措置が発端となりました。アラブ諸国を中心に構成されている OPEC（Organization of the Petroleum Exporting Countries：石油輸出国機構）は、戦争の状況を有利にするために石油価格の引き上げ、生産削減を行いました。また、アラブ石油輸出国機構（Organization of Arab Petroleum Exporting Countries：OAPEC）はイスラエル支持国に対して輸出禁止を行いました。この結果、原油価格は約4倍になり、国際的な混乱が起きました。わが国でも、石油の不足・高騰によりガソリンスタンドの日曜日休業措置の実施、石油を大量に使用していた発電を減少させるためにテレビの深夜放送の中

止、プロ野球ナイターの自粛などが行われました。石油を使ったボイラーで乾燥などを行うトイレットペーパーが不足するとの風評が広がり、スーパーマーケットなどで消費者によるトイレットペーパーの買い占めが過熱するという奇妙な社会問題も起こしました。1974年のわが国の経済は、消費者物価指数が約23％上昇し、企業の設備投資の抑制、金融政策の遅れから第二次世界大戦後のはじめてのマイナス成長となりました。

　OPECとは、1960年9月にイラク・バグダッドで、イラク、サウジアラビア、イラン、クウェート、ベネズエラの五大産油国で設立されたもので、その後、カタール（1961年）、インドネシア（1962年）、リビア（1962年）、アラブ首長国連邦（1967年）、アルジェリア（1969年）、ナイジェリア（1971年）などが加盟しています。欧米の国際石油資本（原油の生産、精製、輸送、販売を、国際的に展開している巨大資本の石油会社：エクソン、シェル、ブリティッシュ・ペトロなど［Majors］）が1959年に一方的に原油価格を引き下げたことに対抗するために創設された国際カルテルです。石油生産国の利益を維持するために原油の生産・供給の調整、価格の方針を検討しており、1970年代には強力な存在となりました。他方、アラブ石油輸出国機構は、OPECとは別に1968年1月に、サウジアラビア、クウェート、リビアの3ヵ国で設立され、その後、1970年にアラブ首長国連邦、バーレーン、カタール、アルジェリア、1972年にイラク、シリア、1973年にエジプトなどが加盟しています。この組織では、加盟国間のビジネスの活性化を目的としており、1973年にアラブ石油輸送会社（Arab Maritime Petroleum Transport Company：AMPTC）、1975年にアラブ造船修理場（Arab Shipbuilding and Repair Yard：ASRY）、アラブ石油投資会社（Arab Petroleum Investments Corporation：APICORP）など企業を設立しています。

　1978年にイランで始まった国民の国王に対する不満運動が拡大し、1979年に国王モハンマド・レザー・パフラビーが国外へ亡命を余儀なくされ、イラン革命が起きました。この結果、中東の原油輸出が止まり、1979年（〜1981年）

に第二次オイルショックが発生しました。第一次オイルショック以降、国際的経済不況となりましたが、再度大幅に原油価格が高騰し、国際経済に大きな影響を与えました。OPECは、石油資源の国有化、及び石油事業を拡大し、世界の石油市場でイニシアティブを持つこととなりました。

　国際的に石油産出が多い中東地域においては、1948年からイスラエルとアラブ国家との間で戦争が勃発しています。第四次中東戦争では、前述の通り第一次オイルショックが起きましたが、当時の東西冷戦（米国、英国など西側諸国と旧ソビエト連邦を中心とした東側諸国との国際的対立）が背景にあり、一種の大国の代理戦争の様相もありました。第二次オイルショックの原因となったイラン革命では、1979年に米国など西側諸国と対立することを主張していたルーホッラー・ホメイニーが指導者となり、中東地域の政情が不安定となり各国の利害関係が複雑に絡み合い混沌とした状態となりました。1980年9月には、イラン・イラク戦争が始まり、世界各国への石油供給がさらに不安定になってしまいました。国家間の争いには、石油の供給が大きな原因の一つとなっており、需要者である米国、欧米、旧ソビエト連邦、中国などが関係しており、軍事支援なども頻繁に行われ状況は複雑化していきました。

　1990年1月、イラクの大統領兼首相のサダム・フセインは、度重なる戦争の復興を理由に中東の湾岸諸国に石油価格の上昇を呼びかけましたが、クウェートは応じず原油増産を続け石油価格の低下をもたらせました。その後イラクは、「クウェートがイラクのルマイラ油田の原油を違法に採掘している」ことなどを理由にクウェートに軍事的圧力をかけました。1990年7月に開催されたOPECの会議で、クウェートは石油価格の引き上げに同意しましたが、8月にはイラク軍がクウェート国内に侵入し事実上占領しました。1991年1月に国際連合安全保障理事会の決議に基づき、米国を中心とする多国籍軍（国際連合憲章で規定された国連軍ではありません）がイラク軍を攻撃して湾岸戦争が始まり、同年2月末にクウェートは解放されました。

　石油はエネルギーとして使いやすく、非常に重要な燃料であるため、原油生

産国には莫大な富をもたらします。経済的な価値が大きいことが軍事的な争いにも発展します。また、わが国の一般公衆にとっては生活のさまざまな部分に使用されており重要であることは知っていても技術的な理解はあまりしていません。その結果、石油の供給が不十分になると対処がわからなくなり、風評に左右されてしまう可能性があります。また、石油産出国ではカルテルを作っていることから供給量が自国の都合でコントロールできるためエネルギーの安定供給が不安定となってしまいます。OECD 諸国では、石油の安定供給を確保するために自国に備蓄することが共通した重要なエネルギー政策となっています。

　わが国では、石油の供給が不足する事態に備え、1972 年度から民間備蓄事業が開始され、1978 年から国家備蓄事業が開始されました。法律による対処としては、1975 年制定の「石油の備蓄の確保等に関する法律」に基づき、原油の備蓄が進められました。備蓄の目的は、「石油の備蓄を確保するとともに、備蓄に係る石油の適切な供給を図るための措置を講ずることにより、我が国への石油の供給が不足する事態及び我が国における災害の発生により国内の特定の地域への石油の供給が不足する事態が生じた場合において石油の安定的な供給を確保し、もつて国民生活の安定と国民経済の円滑な運営に資すること」（当該法第 1 条）となっており、「石油」の定義は、原油、指定石油製品（揮発油、灯油、軽油その他の炭化水素油）及び石油ガスと定めています。2014 年 12 月末現在（資源エネルギー庁発表）では、民間備蓄が 82 日分、国家備蓄が 108 日分で 8,410 万 kl の石油備蓄量となっています。石油備蓄基地では、原油をそのまま石油タンクで貯蔵するため原油が地下に埋まっていたときと同様な状態で保存されています。

　国家プロジェクトでむつ小川原（おがわら）開発計画で、石油コンビナート（石油精製）の立地が計画されましたが、2 度のオイルショックで計画が頓挫しました。その後石油の安定供給を目的として 1978 年から国家石油備蓄が始まりました。1979 年 12 月に国内初の国家石油備蓄会社（小

川原石油備蓄株式会社）として設立されました。わが国の国家石油備蓄基地は、全国に複数ありそれぞれ株式会社となっています。いずれも独立行政法人石油天然ガス・金属鉱物資源機構（Japan Oil, Gas and Metals National Corporation：JOGMEC）からの受託事業となっています。

図表 1-2　国家石油備蓄基地（むつ小川原石油備蓄基地）

　しかし、文部科学省・経済産業省・気象庁・環境省報道発表資料「気候変動に関する政府間パネル（IPCC）第5次評価報告書第1作業部会報告書（自然科学的根拠）の公表について」（平成25年9月27日）では、新たな見解として「二酸化炭素の累積排出量と世界平均地上気温の上昇量は、ほぼ比例関係にある」ことが示されました。気候変動における政府間パネル（Intergovernmental Panel on Climate Change：以下、IPCCとする）の第1作業部会（Working Group I）では「気候システム及び気候変動に関する科学的知見」が整理されており、2013年に示した第5次報告書『政策決定者向け要約』には、図1-3に示す1950年代末から2013年頃までの地球上大気の二酸化炭素の濃度の変化が示されています。米国・ハワイ及び南極点において1950年代末以降着実に大気中の二酸化炭素濃度が増加しており、その後60年弱で1.2倍になっているこ

とがわかります。この二酸化炭素発生の主な原因は化石燃料です。

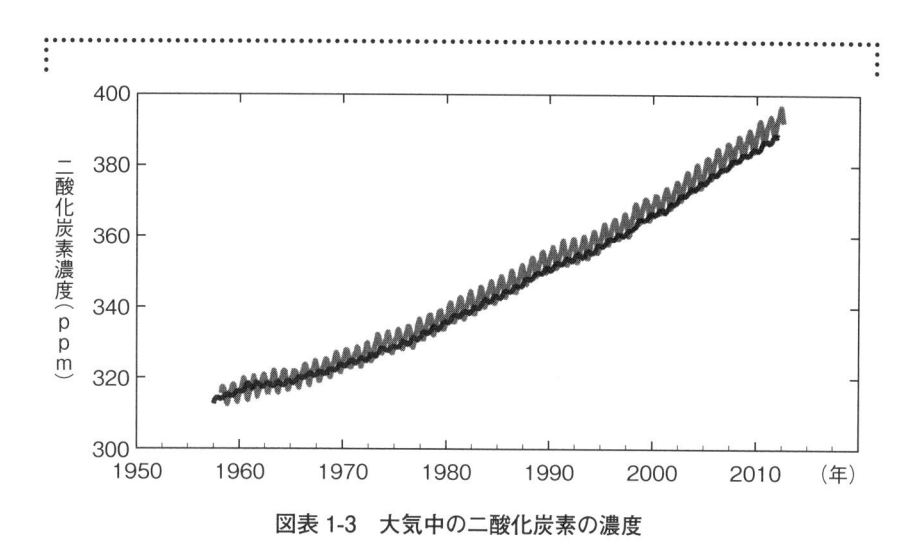

図表1-3　大気中の二酸化炭素の濃度

・1958年以降の米国：ハワイ州マウナロア観測所データ
（北緯19度32分、西経155度34分：変化が大きい線）
・南極点データ（南緯89度59分、西経24度48分：変化の幅が小さい線）
※各年毎にグラフ線が上下しているのは、季節により植物の光合成量が大きく変化するためです。

　　出典：気候変動に関する政府間パネル（IPCC）、気象庁訳（2015年1月20日版）『気候変動2013：自然科学的根拠 第5次評価報告書 第1作業部会報告書 政策決定者向け要約』（2013年）10頁。

　2003年夏期に欧州で発生した異常な高温では、欧州全域に熱波（気温が上昇し持続する現象のことです）による熱中症など健康被害が発生しました。欧州全体で約3万5千人が死亡したとされています。フランスにおける被害が深刻なものとなり、熱波が約2ヶ月間続き、パリでは38℃を数回記録し、40℃を超えることもありました。パリの平均気温は約24℃で東京の31℃よりかなり低く、通常ならば涼しい地域だったことから健康被害が続発し、フランス国内だけで約1万5千名が亡くなりま

した。高温や乾燥で農作物にも深刻な影響が発生し、森林火災が拡大する原因にもなりました。その後、欧州では緊急時の対応など熱波に対するさまざまな対策が取られました。米国でも1980年と1988年に大きな熱波による被害が発生し、マサチューセッツ工科大学やNASA（National Aeronautics and Space Administration：米国航空宇宙局）などの詳細な研究が公表され、「気候変動に関する国際連合枠組み条約」制定へのきっかけとなりました。

　また、石油の焼却による二酸化炭素の排出は、気候変動の原因であることがかなり高い確度で国際的コンセンサスが得られています。石油をはじめ化石燃料は人類の生活にとって不可欠であり経済成長に極めて重要な存在ですが、その消費によって人類生存のための環境リスクを高めていることに注目しなければなりません。化石燃料が燃焼（酸化）し生成する二酸化炭素が熱（赤外線）を吸収して地球の大気を温暖化するからです。地球温暖化は、気候変動、海面上昇、気温上昇による熱帯性伝染病（マラリア、デング熱など）の拡大、熱波などを発生させています。このまま化石燃料を安易に消費し続けていくと人類及び生態系の存続自体が危うくなっていきます。海面上昇は、氷河の溶解、海水温の上昇による膨張、自然環境中における水循環の変化などで発生しており、地球温暖化による環境影響が比較的明確な数値によって確認できます。IPCC第5次評価報告書 第一作業部会で示された世界平均海面水位の上昇を図表1-4に示します。1900年から2013年までに20cm近く上昇していることがわかります。ただし、氷は0℃で溶解しますので、地球温暖化が進むとある時期に突然上昇してくることが懸念されます。

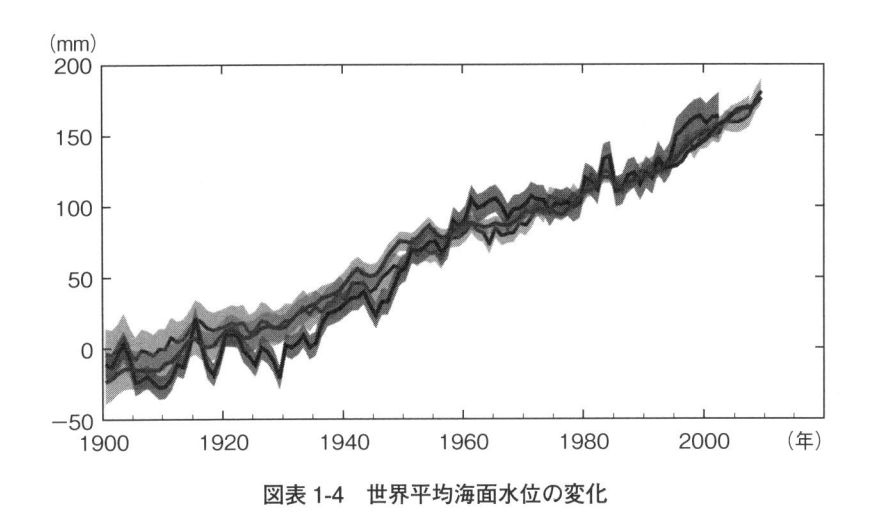

図表1-4 世界平均海面水位の変化

・最も長期間連続するデータセットの1900〜1905年平均を基準とした世界平均海面水位（全データは、衛星高度計データの始めの年である1993年で同じ値になるように合わせてある）。すべての時系列（濃淡の実線はそれぞれ異なるデータセットを示す）は年平均値を示し、不確実性の評価結果がある場合は陰影によって示している。

出典：気候変動に関する政府間パネル（IPCC）、気象庁訳（2015年1月20日版）『気候変動2013：自然科学的根拠 第5次評価報告書 第1作業部会報告書 政策決定者向け要約』（2013年）8頁。

　IPCCは、海面水位について次のように詳細に言及しています。IPCCには、下部組織として作業部会が設けられ、世界中から多くの科学者、専門家が集められています。作業部会では、地球温暖化に関する最新の自然科学的及び社会科学的知見をまとめ、地球温暖化防止政策に科学的な基礎を与えるための検討が行われています。この検討は新たに測定・分析・研究を実施するのではなく、既に発表された研究成果について調査・評価して、政策決定者に助言を行うことを目的としています。

地球の海面水位

1970年代初頭以降について、温暖化による氷河の質量損失と海洋の熱膨

> 張を合わせると、観測された世界平均海面水位上昇の約75％を説明できる（高い確信度）。1993年から2010年の期間については、世界平均海面水位の上昇は下記の観測に基づく寄与の合計と高い確信度で整合的である。その内訳は、温暖化による海洋の熱膨張（1年当たり1.1［0.8〜1.4］mm）、氷河の変化（1年当たり0.76［0.39〜1.13］mm）、グリーンランド氷床の変化（1年当たり0.33［0.25〜0.41］mm）、南極氷床の変化（1年当たり0.27［0.16〜0.38］mm）、及び陸域の貯水量の変化（1年当たり0.38［0.26〜0.49］mm）である。これらの寄与の合計は、1年当たり2.8［2.3〜3.4］mmである。

出典：気候変動に関する政府間パネル（IPCC）、気象庁訳（2015年1月20日版）『気候変動2013：自然科学的根拠 第5次評価報告書 第1作業部会報告書 政策決定者向け要約』［2013年］9頁。

　IPCCとは、そもそも1988年6月にカナダ・トロントで開催された「変化しつつある大気圏に関する国際会議」を受けて、世界気候機関（World Meteorological Organization：以下、WMOとする）と国際連合環境計画（United Nations Environment Programme：以下、UNEPとする）の指導のもとに設立されたものです。1990年にスイス・ジュネーブで開催された世界気象会議で発表された第1次報告は、第1作業部会のみでしたが、その後気候変動の潜在的影響予測に関する検討の幅を広げて、1995年の第2次報告以降は、第2作業部会（Working Group Ⅱ）「気候変動に対する社会経済システムや生態系の脆弱性と気候変動の影響及び適応策」、第3作業部会（Working Group Ⅲ）「温室効果ガスの排出抑制及び気候変動の緩和策」が加わっています（2001年に第3次報告、2007年に第4次報告、2013〜2014年第5次報告）。

　他方、第一次オイルショック後、1974年9月に開催された国際連合総会で当時の米国大統領であるジェラルド・ルドルフ・フォード（Gerald Rudolph Ford：以下、フォード大統領とする）は、「OPEC諸国は足下をよく見た方が良い。さもなければ、彼らが石油でやっているように、米国も食糧を武器として使わ

ざるを得なくなるだろう」とOPEC諸国の石油価格の操作を牽制しています。

当時の副大統領であったネルソン・アルドリッチ・ロックフェラー（Nelson Aldrich Rockefeller）は、スタンダード石油の創業者ジョン・ロックフェラー（John Rockefeller）の孫で、祖父が作ったロックフェラー財団は、1941年から「緑の革命」を主導しています。緑の革命とは、開発途上国における農業生産の収穫の効率化を目的として、作物の品種改良や化学肥料、農薬を利用した農業を普及させた活動のことです。この結果、世界各国の農業は、効率的な収穫を得るために、毎年新品種の種、化学肥料、農薬を農業企業から大量に買い、農業機械メーカーから大型農機具を備えなければならなくなっています。1962年にレイチェル・カーソンが、「沈黙の春」（Silent Spring）で「化学薬品は、一面で人間生活にはかり知れぬ便益をもたらしたが、一面では、自然均衡のおそるべき破壊因子として作用する」と、自然環境の変化に対する警鐘を示す原因ともなっています。また、途上国がこの農業の近代化を図るために先進国に多くの債務を負う原因ともなりました。

フォード大統領当時の米国農務長官のアール・ラウアー・バッツ（Earl Lauer Butz：以下、農務長官バッツとする）も「食糧は武器である。それはいまや、われわれの交渉の道具として欠かせないもののひとつになった」と述べています。農務長官バッツは、当時米国の社会問題となっていた食糧価格の高騰を沈静化するためにさまざまな政策を行っています。特に、農民へ「拡大せよ、拡張せよ」というスローガンを掲げ現在のトウモロコシ畑のように巨大な農作物生産を推進しました。これには、農業の機械化、化学肥料・化学農薬の大量使用が必要となり、大規模な農業関連企業が生まれました。しかし、小規模自営農業は財政的に行き詰まり、多くの小作人も職を失いました。同様の減少は「緑の革命」で途上国の農業にも深刻な状況をもたらしました。農務長官バッツが行ったこの農業政策は、国際的には米国の強い農業経営を実現させ、1972年に農作物が凶作に陥り困窮した旧ソビエト連邦が東西冷戦の敵国米国に約3,000万トンの穀物を買い付けなければならない事態にまで優位な立場を確立しました。この事実が、前述のフォード大統領の国際連合総会におけるOPEC

への強気の発言を可能にしたといえます。国際的に展開された石油戦略は農業いわゆる食糧も戦略に巻き込み、世界的な環境リスクは悪化の一途をたどっていくことになります。

❸新エネルギーの普及
―― 軍事開発から平和利用として利用された核エネルギー ――

2度のオイルショックの後、米国、英国はじめ世界各国でエネルギー政策にRPS (Renewables Portfolio Standard) 制度が取り入れられるようになりました。エネルギーの種類を分散させることによって、エネルギーの安定供給を高めるのが目的です。石油中心に利用されていたエネルギー利用を拡散することが世界各国で始まりました。1973年以降、先進諸国では、太陽光、風力、バイオマス、水力など再生可能エネルギーの開発をはじめ、石炭、天然ガスの利用の拡大などが進められました。

わが国では、オイルショックの法政策としてRPS制度は取り入れられず、新エネルギーの導入策として、1980年に「石油代替エネルギーの開発及び導入の促進に関する法律」（以下、石油代替エネルギー法とする）が制定され、各種エネルギー供給量の目標を設定しました。その際に新エネルギーと定義されたもの（石油代替エネルギー法第2条）は、原子力、石炭、天然ガス、水力、地熱、その他の石油代替エネルギー（再生可能エネルギーなど）となっています（なお、石油代替エネルギー法は、2011年から「非化石エネルギーの開発及び導入の促進に関する法律」[以下、非化石エネルギー法とする]に改正され、地球温暖化原因物質の排出を抑制することが重要な目的の一つとなりました）。

日本のエネルギー政策は、当時の通商産業省（現 経済産業省）に1961年に作られた非公式の諮問機関である「エネルギー懇談会」で検討されるようになり、その後1965年に正式な通商産業大臣の正式な諮問機関となり、「総合エネルギー調査会」と名称を変えました。そして、当該調査会で「石油代替エネルギーの供給目標」が作られ、わが国のエネルギー政策が決められていきました。

他方、第二次世界大戦後、原子力エネルギーに関して東西冷戦の中、競っ

て爆弾利用として研究開発が進められました。このような状況の中、米国は1946年7月に太平洋ビキニ環礁の海中で核爆弾（原子爆弾：核分裂）爆発実験を行い、わが国の漁船、周辺の島の住民などに被害が発生しました。旧ソビエト連邦、フランス、英国なども研究開発及び爆発実験を進めました。新たな核エネルギーである核融合による爆弾も研究され、米国は1952年に水素爆弾を開発し実験に成功しました。この水素による核融合を利用した爆弾は、ウラン（ウラン235：わが国の広島県に落とされた原子爆弾）の核分裂によるものより約3倍の破壊力があります。1953年には旧ソビエト連邦も水素爆弾の実験に成功し、核戦争が始まれば生活環境自体が失われ人類が滅んでしまうような状況になってしまいました。

　この危機を打開するために、1953年12月の国際連合総会で、米国のアイゼンハワー大統領が"Atoms for Peace"（原子力の平和利用）を提唱しました。この発言を推進するために「全世界の平和、保健および繁栄に対する原子力の貢献を促進し、増大するよう努力すること」を目的として、1956年にIAEA (International Atomic Energy Agency：国際原子力機関) 憲章が原子力を開発していた主要18ヵ国の批准で得られ発効しました。1957年にはIAEAが国際機関として設立されました。これにより巨大な熱エネルギーを生み出す核エネルギーを発電に利用することが平和利用としての研究開発として認められ始めました。わが国は、1955年に「日米原子力研究協定」を締結し、原子力発電の研究開発を始め出します。その後、1958年に「日米原子力協定」も結びました。新エネルギーの視点から原子力の平和利用に着手したといえます。原子力発電で行われる核反応（ウラン235利用）では、原子爆弾の原料になるプルトニウムが廃棄物として発生するため、核廃棄物（プルトニウムを含む使用済燃料）は米国へ移送されていました。わが国が核爆弾を製造する原料を所有するリスクを防止するためです。

　しかし、世界で核反応の平和利用を進める中、1960年にフランスが核実験に成功し、1964年に中国も核実験に成功しています。この矛盾に対処するために、「核兵器の不拡散に関する条約」(Treaty on the Non-Proliferation of

Nuclear Weapons：NPT、以下、核拡散防止条約とする）が1970年に発効されました。「核拡散防止条約」は、1963年に国際連合で採択され、1968年に62ヵ国が署名しています。ただし、国際連合の主要機関の一つで、国際間の平和と安全の維持を目的として設置された安全保障理事会（15ヵ国［2015年2月現在］）のうち常任理事国5ヵ国（国際連合憲章規定 第23条1項）は核兵器の保有が認められています。この5ヵ国は、米国、英国、フランス、及び中国（1971年に台湾から中国へ交代）、ロシア（1991年にソビエト連邦からロシア連邦へ変更）です。これらの国々では、不要となった原子爆弾に存在していたプルトニウムを処理するために原子力発電所燃料として利用するプルサーマル（Plutonium Use in Thermal Reactor）が行われています。

　このような社会状況を背景に、わが国では、茨城県那珂郡東海村に日本原子力研究所（現 独立行政法人日本原子力研究開発機構）の東海研究所が1957年に設置され、日本原子力発電株式会社東海発電所の東海発電所1号機で1966年に日本で初めて原子力による発電が始まりました。1970年には福井県敦賀市に建設した敦賀発電所でわが国最初の商業用原子力発電が開始され、大阪万国博覧会へ送電されました。この原子力発電技術開発の成果は、当時原子力発電はわが国の高度な科学技術を世界へ示す機会とされ、国民も将来への大きな期待を持っていました。

　前述の「総合エネルギー調査会」の「石油代替エネルギーの供給目標」で新エネルギーとされた原子力発電はベース電源とされ、国内には原子力発電所が次々と建設され、発電量が急激に増加しました。1973年に通商産業省内の鉱山石炭局と公益事業局を統合し「資源エネルギー庁」が設立され、生活環境などに関するリスク対策に関しては、2001年に中央省庁再編の際に原子力その他のエネルギーに係る安全及び産業保安の確保を図るための機関として「原子力安全・保安院」が新設されています。

図表1-5　大阪万国博覧会ソビエト連邦館（1970年）

　1970年にわが国最初の商業用原子力発電による電力が送電された大阪万国博覧会は、「人類の進歩と調和」をテーマにさまざまな科学技術の展示が行われ開催期間中に延べ約6,400万人を集めました。東西冷戦の中、米国と旧ソビエト連邦のロケットや宇宙開発に関する高い科学技術に関する展示が注目されました。なお、ソビエト連邦（現 ロシア）カルーガ州オブニンスク市（モスクワの南西約102km）は大規模な科学都市となっており、1954年6月27日にオブニンスク原子力発電所で世界最初の商業用原子力発電が行われました。

　また、2002年に「エネルギー政策基本法」が制定されてからは、「総合エネルギー調査会」は廃止され、経済産業大臣が、関係行政機関の長の意見を聴き、

新たに経済産業省内に設置された「総合資源エネルギー調査会」の意見を聴き、「エネルギー基本計画」の案を作成することとなりました。さらに閣議の決定を求めなければならないことになりました(エネルギー政策基本法 第12条3項)。「エネルギー基本計画」を閣議で決定する際には、速やかに、国会に報告するとともに、公表しなければならないとなっています(エネルギー政策基本法 第12条4項)。

1997年に「気候変動に関する国際連合枠組み条約」第3回締約国会議で「京都議定書」が採択されてからは、発電時に地球温暖化原因物質である二酸化炭素をほとんど出さない原子力発電の増設で国内エネルギー供給の割合を拡大する方法が地球温暖化対策の有力な対策として位置づけられました。

しかし、2011年に発生した東日本大震災による福島第一原子力発電所事故の経験から、2012年に内閣府の「原子力安全委員会」と資源エネルギー庁の「原子力安全・保安院」が廃止され、「国家行政組織法第3条2項」、及び「原子力規制委員会設置法」に基づき、原子力のリスクに関する規制体制を集約した「原子力規制委員会」が環境省の外局として新たに設置されました。この委員会は、他の行政機関から独立した権限を持つ、いわゆる三条委員会と呼ばれています。「原子力規制委員会設置法」の目的は、「東北地方太平洋沖地震に伴う原子力発電所の事故を契機に明らかとなった原子力の研究、開発及び利用に関する政策に係る縦割り行政の弊害を除去し、並びに一つの行政組織が原子力利用の推進及び規制の両方の機能を担うことにより生ずる問題を解消するため、原子力利用における事故の発生を常に想定し、その防止に最善かつ最大の努力をしなければならないという認識に立つ」と示され、原子力規制委員会の中には、事務局として原子力規制庁も設けられました。

他方、原子力リスク行政に関して主要な意志決定機関として、内閣総理大臣を長(議長、及び本部長)とし閣僚らで構成される原子力防災会議(平時)、及び原子力災害対策本部(緊急時)も創設されており、複雑な組織となっています。原子力規制委員会委員長は、内閣官房長官、環境大臣と共に副議長、及び副本

部長となっているため、実質的には内閣総理大臣が最も大きな権限を持っているといえます。2014年4月に内閣決定された「エネルギー基本計画」では、原子力発電によるエネルギー供給は、「ベースロード電源」と位置づけられています。福島第一原子力発電所事故など深刻な事故の再発を防止できることが望まれます。

今後、新しいメカニズムを持つ新しいエネルギーが開発される可能性も期待されますが、あらたな環境リスクを事前に評価し、極力予防することが重要と考えられます。

❹自然エネルギーの利用とリスク

人類が、再度注目したエネルギーが自然エネルギーです。自然を利用しているため、エネルギーとして利用する際には、環境負荷が少ないとのイメージから「環境に良い」といった抽象的で不明確な言葉のもと支持されている場合が多いと考えられます。実際には、風力発電における風切り音（高周波）による健康障害、地熱発電によって地下の水蒸気と一緒に吹き出す有害物質、太陽光発電設備に利用されるパネルの反射光など、稼働時における環境問題は多く発生しています。莫大に作られる設備を設置するために自然を破壊していることは既に問題視されており、環境影響評価法では一定規模以上のウィンドファーム（風力発電設備の設置）を建設する際には、事前のアセスメント（評価）が義務づけられています。また、老朽化し廃棄される設備は、寿命が比較的短いこともあり、いずれ莫大な量の廃棄物を発生させます。これら問題への対処についての技術開発、社会システムの整備は次々と進められていますが、安易に、「環境に良い」と表現するのは拙速な判断です。

他方、エネルギーの安定供給のためには、火力または原子力の他に有望なエネルギー源がないため、昔から使い慣れ自然から安定してエネルギーが得られる再生可能エネルギーを利用することは合理的であるとも考えられます。これまでにも、太陽光発電は、エネルギー供給ができない人工衛星で利用され、電卓のように小さな電力で機能を保つものに使われています。風速計（ブレードが風杯）のような形状をしたものなど小型風力発電施設は、強風の際に電光掲

示板で注意を促す表示に使われています。また、途上国では電力系統（発電・変電・送電・配電）が整備されていないことから、新たなコストをかけずにエネルギーを得る方法として工夫して使われてきました。例えば、広大なサトウキビ畑で製糖製造を行う際に糖分を搾り取った廃棄物いわゆるバイオマスを燃焼させ発電しエネルギーを調達することなどが行われてきました。インドなど家畜の糞を燃料（近年では発酵させてメタンガスを取り出すことも行われています）として使用しているところもあります。現在行われている自然エネルギー利用は、化石燃料に置き換わる前のエネルギー利用を再度行おうとするものです。したがって、化石燃料や原子力発電が行えない場所や経済的なメリットがある場合に限定されます。

図表1-6　牛糞エネルギー（インド）：昔から使われているバイオマスエネルギー

　インドでは、神聖な動物とされている牛が誰にも邪魔されず悠然と街中を歩いています。これら家畜が排出する糞は、稲わらなどと混合され、上記写真のように天日干しされ乾燥した円盤状の燃料として使われてきました。インドの一次エネルギーの供給は石油換算で約6億トン（2007年）ですが、バイオマス及び一般廃棄物などで賄っている量は、バイオマス

（森林など）・廃棄物（家畜排泄物及び農業廃棄物）で、約1.6億トン（約27％）を占めています。インド政府は、家庭用バイオガスプラント計画を進めており、当該糞を発酵プラントでメタン（天然ガスの主成分）を生成し、家庭用のガスコンロなど燃料として使用しています。

　日常生活の中でも、われわれは自然エネルギーをうまく利用しています。日光は、生物に光を与えてくれる他にも暖かさなど熱も地上に降り注ぎます。植物は光合成を行い、生態系を作り、人は洗濯物、干物など天日干し、海水からの塩の生成など利用の仕方はたくさんあります。

　しかし、日光には生物を死滅させるエネルギーを持った紫外線が含まれており、太陽からの「太陽風」やその他宇宙からやってくる宇宙線と呼ばれる放射線も降り注いでいます。どちらも電磁波といわれ物理学では「波」とされており、種類によって波長の長さが異なります。赤外線は波長が長く、短くなるにつれ可視光、紫外線、放射線となり、エネルギーも大きくなります。紫外線よりエネルギーが大きくなると生物の遺伝子を容易に破壊するため、これらを遮断しなければ地球上には生物は生存できなくなります。宇宙線の中でも粒子線と呼ばれるプラス、またはマイナスに帯電している陽子や電子の流れは、電磁場で曲げられてしまいます。地球は、磁場があり適度の大きさがあるため、これら粒子線は地上に到達する前に北極、または南極方向に曲げられます。そして、曲げられた放射線によって大気中の窒素は励起状態（高いエネルギー状態）になり発光し、オーロラ（aurora）を発生させます。地上で核実験が行われた頃、放射された放射線で人工のオーロラが発生したこともあります。

　航空機は、大気がほとんどなくなり、大気からの抵抗が少なくなる約10km程度の高度で飛行することが多く、オゾン層の中を飛んでいるといえます。また、国際宇宙ステーション（International Space Station：

ISS)は地上から約 400 km 上空を飛行しており、粒子線が含まれる宇宙線や波長が短い有害な紫外線が降り注がれており、非常にリスクが高い環境といえます。なお、国際宇宙ステーションは、米国、ロシア、日本、カナダ、欧州宇宙機関（ESA）が協力し研究開発し、宇宙での各種実験などを行っている施設です。

図表 1-7　上空 10 km（大気境界層）

　他方、磁場では曲がらない紫外線は、約 5 億年から 4 億年程度前にオゾン層が形成されたことによって、地上に到達する前にオゾンに吸収されます。オゾン層とは、一般に成層圏中の地上から高度約 10～50 キロメートルの範囲をいいますが、1985 年に採択された「オゾン層の保護のためのウィーン条約」第 1 条 1 号で、「大気境界層よりも上の大気オゾンの層をいう」と定めています。大気境界層は、昼と夜、緯度によっても厚さが変化しますが平均高度約 1km ま

での大気層とされており、当該条約ではかなり低い濃度のオゾンが存在する大気もオゾン層と定めています。

　しかし、日光にはオゾン層で吸収しきれなかった高いエネルギーの紫外線や微量のガンマ線（粒子線ではないので地球の極の方には曲がりません）が含まれているため、人体には有害性があります。さらに宇宙からそのまま到達する赤外線（熱）も含まれています。過度の日焼けは、「やけど」と同様の健康被害があり、紫外線は遺伝子を刺激し皮膚ガンを発生させる可能性もあります。近年、人為的に放出されたフロン類やハロン類によってオゾン層が破壊されてしまったため、地上に到達する紫外線が強くなっていることから、紫外線によるアレルギーの健康被害も増えています。なるべく日焼けは避けた方が良いといえます。特に年齢を重ねると皮膚の再生能力も低下し、白内障になる可能性も高まり、乾燥すると肌へのストレスも大きくなりますので老化なども促進されてしまいます。また、大気汚染物質と紫外線が反応して発生する光化学スモッグ（大気中に強い酸化物質を発生させますので目や皮膚などに健康被害を発生させます：光化学オキシダント［photochemical oxidant］ともいわれ、光反応による酸化性物質を意味します）も増加しています。紫外線の存在が確認されていなかった時代、乾燥しており天気が良い高度が高い土地で、強い紫外線を浴びていた人が、皮膚の老化、白内障、または皮膚ガンを発症しても原因がわからないまま対処は困難だったと推測されます。

　また、高いところにあるものは、落ちると壊れたり、人に当たると低いところから落ちてくるものより痛く、低いところから飛び降りるより高いところから降りる方が痛く、場合によっては怪我までしてしまいます。水は高い場所から低いところへ流れ、川の流れはこの法則に基づいています。人はこのエネルギーをうまく使い水車をつくり、脱穀など動力に利用してきました。歯車を回転させる技術は、力の方向を変えることができることから、風の力も動力に変えることができるようになりました。ただし、川や風は、不安定な自然現象で、季節や気候の変化に大きく左右されるため、過去の経験いわゆるデータが非常に重要になってきました。

これら水や風などエネルギーは、災害も引き起こしますので、地滑り、山崩れ、洪水、津波などの発生しやすい場所には、妖怪伝説や恐ろしい物の名称がついていたりします。「蛇」や「竜」などが使われている場所は昔から水害が発生していたといわれています。また、神社や寺など昔から村で大事にされてきたところは、災害が起きにくい場所または被害が少ない場所と考えられています。地名にも、崖崩れや土石流、土砂崩れなどが起きるところに特殊な名称が付けられているとされており、例えば、「アワ」とついているところは、アバとの発音から、暴れる土地ということで何らかの土地の災害が起きる場所と思われています。近年、欧州やわが国などで昔からの教会や重要な建造物が洪水や高潮などで浸水したりすることがありますが、このような場所は昔からより安全な場所を選択していると考えられますので、これまでになかった地球的規模の気候変動が発生している可能性が高いと考えられます。IPCCの報告では、世界各国の気候変動に関して複数の報告が行われています。

図表1-8　水無川（新潟県）

> 水無川は、梅雨など降雨が多いときには周辺の山々などから急に水が集まり増水しますが、通常時には伏流水（河川と関係が深い地下水など）などで自然水は流れてしまいますので、川にはほとんどまたは全く水の流れがない状態になります。通常川に水がないため増水時に突然流れてきた水（鉄砲水の発生）に人が流されてしまう被害などがあります。

　気候変動は、世界各国で周期的に発生することが多く、東太平洋で水面温度が急激に上昇するエルニーニョ（El Nino）現象は、近年はその周期が変化し、その現象も大きくなってきています。エルニーニョ現象とは、通常は赤道に沿って東風（東から西へ）が吹いている貿易風が、数年に一度弱まるかもしくは逆に吹き出すことで、西太平洋へおしやられていた暖水が東太平洋へ流れ出し海面を覆ってしまい、ペルー沖でプランクトンの発生が減少し南米が乾燥状態となり、オーストラリアなど西太平洋でも干ばつになってしまいます。その結果、農業や漁業へ大きな打撃を与えてしまいます。災害が起こってから再度発生するまでの期間を再来期間といいますが、その期間が10年、20年、30年と長くなるに従ってその規模は大きくなります。気候変動は、その期間を短くしています。

　このような状況の中、自然のエネルギーは大きな影響を及ぼすことはわかっていても、長時間を要するため、対処の優先順位は低くなってしまう傾向があります。これは、環境問題すべてに共通しています。その結果、災害が予想以上に大きくなることがあります。森林伐採などによる河川への土砂の流入や農地や居住区の拡大、あるいは太陽光パネルを山など広大な土地に敷きつめたり、森林を切り開いてウインドファーム（多くの風力発電設備の設置）を作ったりするなど再生可能エネルギー施設を設置すると、従来の雨に対する環境の対応能力を低下させてしまいます。また、無計画な地下水の汲み上げやメタンガスなど天然ガスの汲み上げは、地盤沈下をもたらします。

　人口増加や都市開発で新たに開発された土地や、再生可能エネルギーで発電

するために広大な土地を使って大規模施設の建設をする際には、過去の災害事例を十分に調査し対策を検討する必要があります。以前には単なる土砂崩れなどでも自然現象だったものが、長期間を要して、災害（人に被害発生）としての洪水や地滑り・土砂崩れになってしまう可能性があります。さらに自然における水の循環が失われつつあります。これまでは降雨は土壌にしみこみ、一部は蒸発、または植物の光合成に利用されていますが、コンクリートに覆われた都市、住宅街、またはメガソーラーでは、自然の洪水調整の機能を失っているため、新たな対策が必要となっています

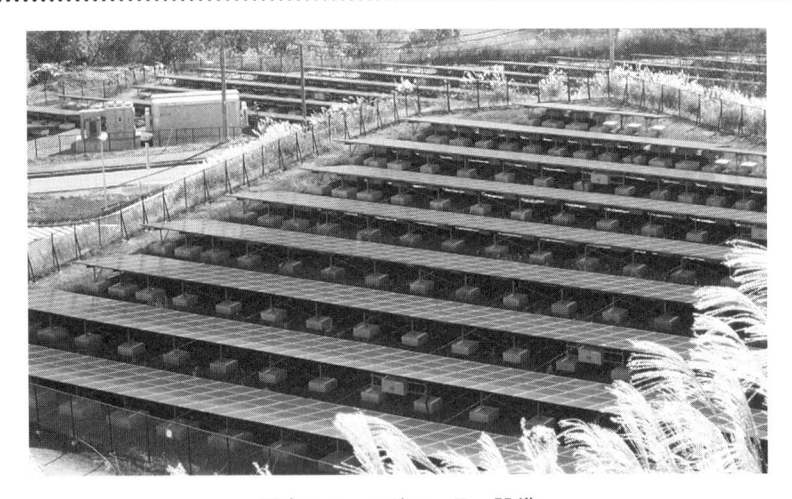

図表1-9　メガソーラー設備

　太陽光発電は、発電容量が少ないため大量の設備が必要となります。森林を伐採し山を切り開いて設置する場合、山の斜面が太陽光パネルで敷きつめられます。一度、更地にして写真のように土地にコンクリートで固定した土台を作り、太陽光パネルを設置することとなります。莫大な人工物を建設することになります。周辺には行き場を失った野鳥が複数確認でき、雑草、樹木などが生えないように管理しなければ発電・送電効率が悪化す

ると考えられます。

　1960年以降は、土砂災害の原因は、降雨、地震、火山噴火（火山泥流、火砕流など）など、多様化しており、対処が一様には定められません。土砂は、比重が重いこともあり、破壊のエネルギーが大きく、土砂災害により既存の自然の状態を変化させてしまうこともあります。人の建築物などが容易に破壊されてしまいます。鉄道、電線（通信ケーブル、電力ケーブル）やガス、上水道、道などライフラインに大きな被害が発生すると生活環境に大きなリスクとなるため事前の対処は重要です。

　また、ダムは、海や湖沼などから自然の力で蒸発させ、高い位置へ水を運び、地球の重力を使ってエネルギーを得る自然システムをうまく使った方法です。しかし、大量の水を貯蔵するために広大な土地を水没させることから、多くの生態系を喪失し自然破壊に繋がる可能性があります。

図表1-10　アーチ式コンクリートダム

ダムの建設には、広大な土地が必要であることから、わが国には今後建設できる場所はあまりありません。ダム湖の浚渫の排出で莫大な廃棄物（汚泥など）が発生するため、メンテナンスも必要であり、環境汚染の恐れがあります。群馬県、福島県、新潟県にまたがり山に囲まれた高地にある尾瀬の湿原（東京電力所有）を人工湖にしてダムを建設することが計画されたこともあります。この巨大なダムが建設されていれば莫大な電力が得られ、首都圏に送電されたと思われますが、尾瀬ヶ原、尾瀬沼を中心に植物群生や重要な動植物が多く生息している湿地帯（1956年に国指定の天然記念物［文化財保護法］、1960年に特別天然記念物）が失われていました。

　他方、雪氷は、熱を奪う性質がありますので、冬は生物にとって非常に危険なものです。物理的にも、山で発生する雪崩は莫大なエネルギーを持ち、人や生物の命を奪うこともあります。しかし、現代の冷蔵庫のような冷熱エネルギーも持っているため、昔から作物の冷蔵用に使用されてきました。スウェーデンでは5世紀頃から雪氷による冷蔵が行われてきており、雪が、デンマークやドイツに輸出されていました。日本でも北陸、東北、北海道などで農作物の冷蔵に使用していた例があります。雪氷は、一種の（冷熱）エネルギーの保存といえます。また、ダムで水を貯水していることも（位置）エネルギーの保存といえます。

　自然エネルギーで発電する場合、自然現象に伴って実施することから発電時間をコントロールすることはできません。さらに、水力などのようにエネルギーを保存することが困難であるため、蓄電技術が必要になります。現在、小型の二次電池としては、リチウムイオン電池が一般によく使用されていますが、大型の電力容量を貯蔵するには、NaS電池（ナトリウムイオウ電池）が主に利用されています。しかし今後さらに効率を向上させるために研究開発が必要とされています。

　また、再生可能エネルギーの発電量の変動に対応した発電種類に応じた最適

なバランスを可能にして、無駄を最小にする必要があります。また、数年、数十年のオーダーで発電コストが変化していく化石燃料、原子力エネルギーとのバランスも長期的視点で対処していく必要もあります。

　自然エネルギーは、環境に負荷が少ないエネルギーとして環境保全型エネルギーと考えられていますが間違いです。個々のエネルギーにそれぞれにメリットとデメリットがありますので、これらを十分理解して利用していかなければ、却って環境リスクが高まります。

❺エネルギー価格と化石燃料の資源量

　化石燃料や原子力燃料（ウラン燃料）は、人類が消費していくといずれ枯渇するため消費できる量が限られています。残存量が少なくなると価格が高騰すると考えられます。しかし、新たなエネルギーが生まれると価格は低下する可能性があります。一般にエネルギー価格は、採掘可能な燃料の量いわゆる供給可能量と景気に影響されます。ただし、エネルギー価格が上昇すると化石燃料など枯渇する燃料は、採掘コストが大きくなる深海にあるものや濃度が低いものなども供給可能になり、供給可能量が増加します。したがって、エネルギー価格を背景に各国の化石燃料など保有量は変化し、供給国も変わります。エネルギーに関する安全保障面も変化します。

　化石燃料が高騰し2000年代後半からオイルサンド（oil sand）、オイルシェール（oil shale）、シェールガス（shale gas）の採掘が活発化し、化石燃料の採掘可能量が急激に増加しました。これらは、数十年以上前より大量の埋蔵があることがわかっていましたが、採掘コストが大きいため、市場性（需要）があまりありませんでした。化石燃料が高騰し、採掘技術の開発も進んだことにより、エネルギーとしての価値が上がりました。

　近年注目された化石燃料の特徴を下記に示します。

1）オイルサンド

　　砂岩（sand：砂が固まってできた岩石）にしみこんだ原油で粘度が高く、

石油の分留（沸点の違いで分離する方法）で得られるアスファルトに類似しています。タールサンド（tar sands）ともいわれています。砂岩ではなく頁岩（shale：泥が堆積してできた岩石）に含まれているものはオイルシェールとなります。このオイルサンド、オイルシェールは、世界に原油の2倍以上（4兆バレル：1バレル≒159ℓ）存在しているとされていますが、含有濃度に関しては正確な情報はありません。カナダ・アルバータ州では、2010年頃以降オイルサンド（重質油、重油）を露天掘りで大量に採掘しています。そもそも当該地域は、鉱物資源産業が盛んなところで石油は1914年に発見され採掘されています。その他大規模なオイルサンド採掘可能地域は、ベネズエラ（地下埋蔵）、コンゴ、マダガスカルがあります。

2）シェールガス

　シェールガスは天然ガス（メタンを主成分とする）の一種で、わずかですが頁岩層の割れ目から採取が行われてきました。商業生産は、100年以上前から米国のアパラチア盆地とイリノイ盆地の一部で行われていましたが、1990年代から米国で新たなエネルギー資源として注目されるようになりました。2010年頃から商業開発が進み、福島第一原子力発電所事故以降原子力発電が停止しエネルギー不足となったわが国では、この供給を受けるためにこれら採掘プロジェクトに多額の投資を行っています。世界には、中国などアジア、オーストラリア、欧州、カナダなどに大量に存在しています。

　しかし、砂岩の貯留槽に存在する従来の天然ガスでさえ多くの有害物質が排出され汚染問題が発生しています。シェールガスの採掘には、大量の水を地下に投入する水圧破砕という方法をとっていますので、有害物質や引火性物質が地下で拡散し地下水を汚染してしまいます。採掘業者は、周辺の飲み水の採取ができなくなった地域住民には、ペットボトルなどのミネラルウォーターを配布するなどの対処を行ったり、汚染による損害に対しては補償も行っています。シェールガスの主成分であるメタン（ガス）が井戸などから噴出されることも確認されており、危険対策も必要となっ

ています。また、メタンは直接大気に放出されると、温室効果が二酸化炭素の22倍あるため地球温暖化を促進するおそれもあります。

3）オイルシェール

　オイルサンドと同様に岩石に含まれており、頁岩に含有されています。原油または石油ガスとして化石燃料として利用できます。採掘などの技術開発が進んでおり、米国をはじめ世界で大量の生産が行われています。米国では、エネルギー政策法（Energy Policy Act）に基づいて2005年にオイルシェール及びオイルサンド（タールサンド）からの燃料生産に対して資金援助が行われました。IEA（International Energy Agency：国際エネルギー機関）は、2014年にオイルシェール生産が世界の石油需要に大量の供給を与えることを認めています。わが国でも1970年代に発生したオイルショック後、政府によりオイルシェールの開発・実験が行われました。第一次オイルショックの後、国際的にオイルシェールの生産が盛んに実施されましたが、第二次オイルショックの後石油価格が下落したことから競争力を失いました。

　しかし、他の原油に比べ、化学組成にばらつきが多く、地下で堆積していた圧力など環境条件や堆積期間が大きく異なっているため、石油としての質が不安定です。採掘地域では、天然ガス、シェールガス同様に有害物質を発生させるため、大量にオイルシェールを採掘すると、周辺地域における生態系に悪影響を与えることが懸念されています。

　また、採掘が十分な実用化にいたっていないメタンハイドレート（methane hydrate）も将来の天然ガスの供給源として期待されています。構造は、メタンが氷に入り込んだ状態になった結晶（氷）です。確認されている存在地域は深海であるため、採掘が技術的に困難なため今後さらなる開発が必要です。わが国周辺にも多くの当該エネルギー資源が存在するため、資源がないわが国にとって高い注目をあびています。開発、採掘には巨額の資金が必要であるため、エネルギー価格が上昇しなければ経済的なメリットが認められません。他のエ

ネルギーの供給状況、及び需要状況の大きな要因となる景気動向が今後の実用化、普及に大きく影響すると考えられます。

「気候変動に関する国際連合枠組み条約」に基づく「京都議定書」では、先進国に対して二酸化炭素をはじめとする6種類の地球温暖化原因物質（二酸化炭素、メタン、一酸化二窒素［亜酸化窒素］、ハイドロフルオロカーボン、パーフルオロカーボン、六フッ化イオウ）の排出抑制が定められましたが、ロシアを除くBRIICS（ブラジル、中国、インド、インドネシア、南アフリカ）の国々の排出量は規制対象とならなかったことと、GDP（Gross Domestic Product：国内総生産）が世界最大の米国が参加しなかったため、国際的には化石燃料の消費抑制にはあまりなりませんでした。むしろ化石燃料の消費は急激に増加し、環境中の二酸化炭素濃度も上昇しました。また、2000年代に入り米国が地球温暖化対策として穀物を発酵して得られるバイオ燃料（エタノール）の導入政策を進めましたが、途上国の穀物価格の上昇や買い占めなどで食糧不足が発生し十分な成果はあげられませんでした。

他方、近年の国際的に大きな経済的な事件として、2007年に米国で発生したサブプライムローンの破綻があります。金融工学に基づいたファイナンスの失敗によってもたらされた経済破綻といえます。この破綻を発端に連鎖反応的に世界の経済に影響を与えていきます。2008年には、リーマンショック（米国の投資銀行リーマンブラザース破綻）による世界的金融危機に見舞われます。これにより世界経済が大きく悪化し始めます。サブプライムローンで失われた債権は世界中に存在し、わが国の金融機関も巨額の損失を生じています。2009年末からはギリシャ経済危機に始まる欧州金融危機（PIIGS：ポルトガル、イタリア、アイルランド、ギリシャ、スペイン）があり、EU（European Union：欧州連合）の体制を揺るがす大事件となりました。わが国では、2011年3月に発生した東日本大震災及び東京電力福島第一原子力発電所事故で経済力がさらに大きく低下しました。原子力発電所が停止したわが国では、電力不足が明確に現れエネルギーのサービスが滞る事態となりました。これまで電力会社からあたりまえのように電気が供給され、コンセントにプラグを差し込めば電気に

よってさまざまなサービスが得られる生活が習慣付いていた日本人は、これらサービスの確保が最優先課題となりました。したがって、化石燃料の消費による地球温暖化原因物質である二酸化炭素の排出抑制は世論にはあがらなくなりました。

このような状況からわが国は、2013年から始まったポスト京都議定書から脱退し、地球温暖化対策は低迷しました。天然ガスやシェールガスなど新たな供給先を急ピッチで模索し、化石燃料の供給量拡大に莫大な費用を投じていきます。大量にオイルサンドを生産するカナダ、シェールガス及びオイルシェールを生産する米国、天然ガスを大量に生産するロシアもポスト京都議定書に不参加となり、「気候変動に関する国際連合枠組み条約」のその後の議論も地球温暖化対策をするための先進国の費用負担、または途上国の費用援助、途上国が経済成長するための障害対処などが中心となっています。当時国際的に経済発展がめざましかった中国が自国を「大きな途上国」と主張し、他の途上国、及び後発途上国（途上国の中でも開発が特に遅れているとされる国々）が追随しました。この結果、削減義務がない中国、インドなど工業新興国など途上国における地球温暖化原因物質（Green House Gas：GHG）の排出量が削減義務国（先進国）より多くなり、長い目で見て人類が生存できなくなる最も大きな生活環境のリスク対処は国際社会では次々と先送りされていきます。

先進国に地球温暖化原因物質の削減を義務づけ、京都メカニズムにより途上国援助を行った京都議定書（1997年採択）自体、世界的レベルでは地球温暖化原因物質の削減には失敗しており、人類のエネルギーサービスへの欲望は、ガレット・ハーディンが「共有地の悲劇（The Tragedy of the Commons/コモンズの悲劇）」（「サイエンス（Science）」誌1968年12月13日号、162巻、1243頁～1248頁）で述べた「人類の逃れようとしても逃れることのできない破綻」の側面をのぞかせています。

その後、シェールガス、オイルシェール、オイルサンド、新たな天然ガス及び石油（深海など）と新たな化石燃料が大量に世界に供給され、世界経済の低迷のため需要が伸びなやみ、石油価格が低下しました。この背景には、OPEC

が原油の採掘量を削減しなかったこともあげられます。オイルサンド・シェール、シェールガスや深海から採掘する石油は、コストが大きいため石油価格が低下すると市場性を失い、採算に見合う採掘が困難になります。しかし、景気の変動、新たなエネルギーの登場、普及でエネルギー供給に関わる状況は大きく変化していくことが予想されます。

　ただし、これら化石燃料が安価になり、大量に消費されていくと大気中の二酸化炭素の濃度は着実に増加していきます。いずれオゾン層が形成される前の大気中の二酸化炭素が固定化されていなかった4～5億年以上前の太古の大気物質構成比率の状態に戻ってしまいます。さらに、天然ガス及び永久凍土の溶解、シェールガス、メタンハイドレートなどでメタンが大気に放出されると22億年前より昔の状態に近づいていることと同じです。100年以上という人間にとっては長期間かけて、地球にとっては一瞬で気候が変動していくこととなります。人類にとって、生活を効率化する上で作り上げた経済の動向が、地球に存在するエネルギー資源の化学変化を極めて急激に生じさせ、場合によっては人類の生活環境を失わせるおそれがあります。

　すでに、地球温暖化による海面上昇は、高潮や津波災害の拡大を招き、ゼロメートル地帯の危険性を高めています。気候変動は、洪水、及び干ばつによる被害を多発させています。熱帯域の拡大と地下鉄など地下施設による人工的な恒温空間の拡大などは、熱帯性伝染病の拡大を引き起こしています。自然循環を無視した農業（機械化、化学肥料・農薬の散布）の工業化は、河水枯渇などを引き起こしています。経済拡大は、人工的な建造物、活動を効率的に高める最も有力な手法です。

❻経済的な誘導
― 再生可能エネルギー普及の可能性 ―
　エネルギーに対する環境税、課徴金は、これまでに有鉛ガソリンの排除、火力発電所などから排出されるイオウ酸化物など酸性雨の原因対策と改善効果を

上げてきました。わが国のボイラーなどに使用される重油も1968年に制定された大気汚染防止法、及び地方公共団体による条例によって規制が厳しくなり、イオウ分が高い重質油は使われなくなりました。環境保全に対応した新たな設備に市場を与えました。このような場合、新たに環境保全技術の技術開発が必要となるため、国や公益法人などから助成金を交付し実用化、普及を促す政策が行われています。新エネルギーについても、「新エネルギーの利用等の促進に関する特別措置法」(1997年制定)に基づいて助成金制度によって実用化、普及が進められています。この法律では、「経済性の面における制約から普及が十分でないものであって、その促進を図ることが非化石エネルギーの導入を図るため特に必要なもの」(当該法第2条)と定められており、経済性が良い(採算が良い)エネルギーに関しては、対象外となっています。この法律で対象としている経済性がない(採算が合わない)新エネルギー利用など(本法施行令[政令]、2008年2月最終改定、2015年2月現在)を次に示します。

1) 動植物に由来する有機物であってエネルギー源として利用することができるもの(原油、石油ガス、可燃性天然ガス及び石炭並びにこれらから製造される製品を除く。バイオマスという)を原材料とする燃料を製造すること。

2) バイオマス又はバイオマスを原材料とする燃料で熱を得ることに利用すること6)に掲げるものを除く)。

3) 太陽熱を給湯、暖房、冷房その他の用途に利用すること。

4) 冷凍設備を用いて海水、河川水その他の水を熱源とする熱を利用すること。

5) 雪又は氷(冷凍機器を用いて生産したものを除く)を熱源とする熱を冷蔵、冷房その他の用途に利用すること。

6) バイオマス又はバイオマスを原材料とする燃料を発電に利用すること。

7) 地熱を発電(アンモニア水、ペンタンその他の大気圧における沸点が100℃未満の液体を利用する発電に限る)に利用すること。

8）風力を発電に利用すること。
9）水力を発電（かんがい、利水、砂防その他の発電以外の用途に供される工作物に設置される出力が1,000kW以下である発電設備を利用する発電に限る）に利用すること。
10）太陽電池を利用して電気を発生させること。

（※水力で1,000kW以下の水力発電に限られているのは、1,000kWを超えるダム式等の発電は既に技術がほぼ確立しており、経済性の面における制約が小さいためです）。

　再生可能エネルギーは各国がエネルギーの安定供給を目的に導入を計画しています。その方法としては、RPS（Renewables Portfolio Standard）制度とフィードインタリフ（Feed-in Tariff）制度に大別できます。
　RPS制度とは、新エネルギー（または、再生可能エネルギー）の使用割合について基準を示し、電力会社に導入の比率（または導入量）を義務づけ、新エネルギーを普及させることを目的としたシステムをいいます。この制度は、わが国のように再生可能エネルギーの利用率が極めて少ない国が着実に導入していく上で有効です。RPS制度が作られたきっかけは、1970年代に発生したオイルショックで多くの先進国でエネルギー安全保障面での不安が高まり、石油依存体質のエネルギー供給について改善を図ることを目的でこの方法の導入が実施されました。

　米国では、中東地域から輸入される石油依存によるエネルギー供給構造を見直し、省エネルギーや再生可能エネルギーの導入で石油需要の割合を減少しようとしました。具体的には、1978年に公益事業規制政策法（Public Utility Regulation Policy Act of 1978［PURPA法］）を制定し、コジェネレーションなど発電の効率化、及び風力、小規模水力、太陽光、バイオマスなどで発電した電力の購入を電力会社に義務づけ、エネルギー調達源の多様化が進められました。しかし、電力供給事業が投資の対象となり、金融が不安定になると電力供

給も影響を受け安定した電力供給を失ってしまい、却って安全保障面を脅かすリスクも発生しました。その後、米国政府は景気刺激策として制定した「米国再生再投資法（American Recovery and Reinvestment Act：ARRA）」の中で 2009 年 2 月に前述のスマートグリッドを推進し、エネルギーの安定供給及び環境保全と同時に雇用創出を目的として、エネルギー密度は低いが再生可能な太陽光発電、風力発電など新エネルギーの拡大と、省エネルギー事業の活性化が図られました。米国政府が新たなエネルギー政策として実施したスマートグリッドとは、電力供給について停電などを極力防ぎ信頼性が高く、効率的な送電を行うための賢い（smart）送配電網（grid）のことをいいます。これは情報通信技術及びネットワーク技術を駆使して個々の家庭の電力消費状況をスマートメーターで管理し、関連のインフラストラクチャーの整備などを行うもので、当時米国が進めていたグリーンニューディール政策の一つです。

また、英国では、産業革命以後は石炭を大量に消費し、その後英国とノルウェーで採掘を行っている北海油田が重要なエネルギー源となっています。しかし、数年で経済的採掘が不可能になり、枯渇する恐れがあるため、その対処として RPS 制度が導入されました。その対処の一つとして、1989 年に「電気法（Electricity Act）」に NFFO（Non Fossil Fuel Obligation：非化石燃料使用義務）を定めています。当該法では、政府の管理下で入札方式（告示）によって非化石エネルギーの売買が行われています。法で対象としているエネルギーは、風力、水力、太陽光、波力、バイオマス、廃棄物などで発電されたものです。2011 年 5 月に英国気候変動委員会が発表した「The Renewable Energy Review」では、将来のエネルギーコストの解析などを行った試算では再生可能エネルギー導入量を 2030 年までに 45％ に増加することが可能であるとしています（2011 年現在の英国の再生可能エネルギー導入量は 3％ 程度です）。

わが国では、オイルショックの対応として通商産業大臣（現 経済産業大臣）の正式な諮問機関である「総合エネルギー調査会」で将来のエネルギー別目標

導入量を定めていました。しかし、2002年にRPS法として「電気事業者による新エネルギー等の利用に関する特別措置法」が施行されました。この特措法で対象としている新エネルギーは、風力、太陽光、地熱、水力（水路式の1,000kW以下の水力発電）、バイオマスです。国内の新エネルギーによる発電量を増加させるために、電気事業者に新エネルギーを一定量以上利用することを義務づけており、2003年から順次利用割合が引き上げられていました。わが国の再生可能エネルギー導入はわずかながら増加していました。法による新エネルギー等電気利用目標量は、経済産業大臣が4年ごとに定め当該年度以降の8年間についての電気事業者による新エネルギー等電気利用の目標が定められていました（第3条）。さらに各電気事業者は、毎年度、その販売電力量に応じ一定割合以上の新エネルギーによる電気を自社で発電、または他社（他の電気事業者、新エネルギー電気発電事業者）から購入が義務づけられていました（第4条、第5条）。

　ただし、2012年に「電気事業者による再生可能エネルギー電気の調達に関する特別措置法」（わが国のフィードインタリフ制度）を施行したことによって、なぜかこの制度（わが国のRPS法）は廃止となってしまいました。約10年間計画的に進められていたわが国の再生可能エネルギーによる発電量の割合拡大に関する法律による義務づけはなくなってしまいました。フィードインタリフ制度で再生可能エネルギーが増加しなければ、わが国の再生可能エネルギーの供給量は減少するおそれもあります。計画性を持った施策とは考えられません。

　ドイツでも、1991年に電力会社に個人や企業が再生可能エネルギーによって発電した電力の買取義務を規定したRPS制度である「電力買い取り法（または、電力供給法）」を制定しています。この法律によって1999年末で風力発電施設数が約7,900基、総発電容量は約440万kWと拡大し、当時世界最大となりました。世界各国からこの法政策の成功が注目されました。ドイツ政府は、さらに再生可能エネルギーの普及を図るために、「電力買い取り法」を発展させた「自然エネルギー促進法」を2000年に制定しました。この法律では、再生可能エネルギーの普及について経済的誘導を使って進めるために、新たな規定

として「個人等が再生可能エネルギーを利用し発電した電気を電力会社が固定価格で長期間買い取りをすることを義務化」したフィードインタリフ制度が取り入れられました。対象となるエネルギーは、風力、太陽光、地熱、小型水力、廃棄物埋立地や下水処理施設などから発生するメタンガス、バイオマスです。

その後ドイツでは、再生可能エネルギー普及への誘導は順調に進み、国内の発電量に占める割合は、フィードインタリフ制度導入時（2000年）に6.2％だったものが2012年には22.4％へと大幅に増加しました。2004年にFIT制度における買い取り価格を引き上げた太陽光発電の導入量が急激に増加し、2012年の太陽光総発電容量の導入は760万kWとなりました。風力発電施設の大型化も進み、2012年の風力総発電容量及び太陽光発電総発電容量は3,600万kWに達しています。なお、2010年9月にドイツ政府が定めたRPS法上の目標値（電力供給に占める再生可能エネルギーの割合）は、2020年に35％、2050年に80％と非常に高い値が示されています。2012年1月から施行されたフィードインタリフ制度の改正法で細則として、「再生可能エネルギー導入のロードマップ」、「エネルギー資源毎に定められた条件に応じた買い取り価格」、「2年毎に政府が状況を調査報告」をすることが具体的に定められました。欧州ではフィードインタリフ制度は、オーストリア、イタリア、スペイン、デンマークなどの国々に取り入れられ、再生可能エネルギーが普及し、新たな風力発電設備や太陽光発電設備に関連する市場も広がりました。

しかし、問題点として、電気事業者が買い取りに要した費用は電気料金に上乗せされるため電気代が高騰し、消費者の経済的負担が大きくなることがあげられます。ドイツでは、太陽光発電の買取価格が高いことから発電容量の急増は、電力の供給コストを押し上げました。産業への経済的な負担を軽減するために鉄鋼や化学など大規模需要者を対象とした賦課金の負担免除を拡大したり、対象となる企業を広げたことで電気代がさらに大きく上昇しました。2013年の電気料金は2012年に比べ47％も上昇する事態となってしまいました。国

民の生活に経済面での負担が重くなりすぎたため、2013年より再生可能エネルギーによる電力の買取価格の値下げを余儀なくされています。ドイツ政府は別途、北海、バルト海にオフショア（海上）における風力発電設備を2030年までに6,000基近く設置する計画も立てており、RPS制度の目標値（2010年9月策定）に向かって施策を進めています。他方、前述の2009年に起きた欧州金融危機により欧州のフィードインタリフ制度は行き詰まり、スペインでは、景気悪化（欧州の金融不安）により2009年に買い取り価格を大幅に引き下げ、政権が交代した2012年には新規の買取を一時中止してしまいました。

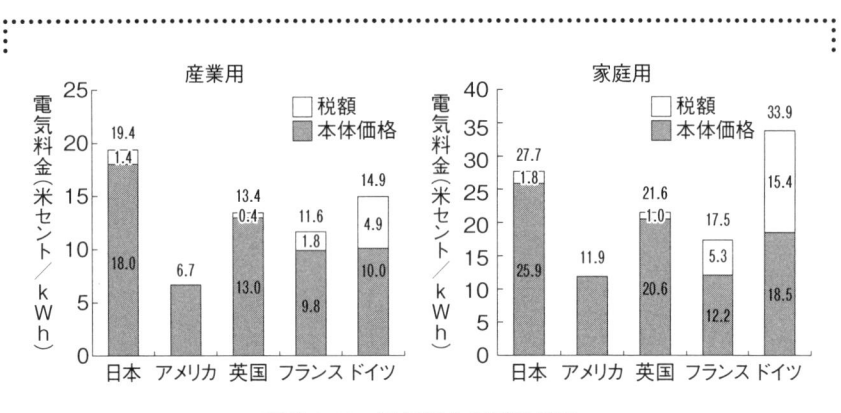

図表1-11　電気料金の国際比較

出典：経済産業省資源エネルギー庁『平成25年度エネルギーに関する年次報告　エネルギー白書2014』223頁。
※米国は本体価格と税額の内訳不明

　図表1-11は資源エネルギー庁が、OECD/IEA "Energy Prices & Taxes 4th Quarter 2013" をもとに作成したものです。わが国の産業用の電気料金が他国と比べ非常に高額であることがわかります。ドイツはフィードインタリフ制度で再生可能エネルギーによるエネルギー供給は増加しましたが、家庭用の電気料金は上昇しました。図で示す2012年の翌年（2013年）さらに47％の増加となりました。産業用及び家庭用ともに

米国が非常に低額であり、産業における生産において競争力が優位であることがわかります。

わが国のフィードインタリフ制度は、2009年に施行された「エネルギー供給事業者による非化石エネルギー源の利用及び化石エネルギー原料の有効な利用の促進に関する法律」(略称、エネルギー供給構造高度化法)によって太陽光発電のみを対象とした(高額)固定価格長期間買い取り制度が始まっていました。一部条例でも購入時の助成金などが行われ、地方公共団体も経済的支援を行っていました。RPS法である「電気事業者による新エネルギー等の利用に関する特別措置法」も施行されており、発電に関して法令の効力を持った再生可能エネルギーの導入率向上と経済的な誘導による市場拡大が一時別々に実施されていました。その後、2011年の東日本大震災に伴う福島第一原子力発電所の事故を発端に全国の原子力発電からのエネルギー供給がなくなり、新たなエネルギー調達方法として前述の「電気事業者による再生可能エネルギー電気の調達に関する特別措置法」が施行されました。この法律で導入量の拡大を図ろうとする再生可能エネルギーは、太陽光、風力、水力、地熱、バイオマス(動植物に由来する有機物であってエネルギー源として利用することができるもの[原油、石油ガス、可燃性天然ガス及び石炭並びにこれらから製造される製品を除く]をいう)、その他電気のエネルギー源として永続的に利用することができると認められるもの、となっています。

ただし、調達価格(再生可能エネルギー電気の1kWh当たりの価格)及び調達期間(明示された調達価格による調達に係る期間)については、毎年度(必要があると認めるときは半期ごと)経済産業省告示で示されることとなっています(本法第3条1項、及び6項)。わが国では、RPS法が廃止されていますので電力会社の再生可能エネルギー利用率を高める義務はなくなってしまっています。景気の悪化やコストの上昇などで、一般公衆が受け入れられない程度に電気価格が高騰すると買い取り価格の引き下げまたは中止になることも予想さ

れ、経済的誘導が働かなくなると再生可能エネルギーの供給割合が減少していくことも考えられます。わが国のエネルギー政策は、原子力発電による供給を中心にした方策であったため、大量のエネルギーが必要なわが国にとって容易に調達方法を変更することは困難です。しかし、再生可能エネルギーの利用に関しては、長期的視点が欠けていますので無駄が多く発生してしまうことが懸念されます。

　再生可能エネルギーは、エネルギー密度が低いことからエネルギー需要を賄うには莫大な設備が必要となり、発電用の電子機器などのメンテナンスも含めるとコストはさらに増加します。したがって安価な買い取り価格では普及は見込めません。普及の拡大を確実にするには長期的な政策をさらに検討すべきであると考えられます。再生可能エネルーの特徴を踏まえると、地産地消で実施できるものを中心に進めていくべきでしょう。

　フィードインタリフ制度では、電力の高額での長期買い取りで事業化することを目的としていることから、投資の対象としても注目されています。また、多くの投資を呼び込んで新たなビジネスとしている場合も複数あります。しかし、再生可能エネルギーによる発電をビジネスとして経営を進めていくには、不確定要素が多く、経営面ではリスクが大きい部分が多々あります。エネルギーは需用者に対する安定供給が重要であり、サービスがなくなった場合、さまざまなリスクが発生します。エネルギーが投資による不安定によって供給が損なわれたり、経営上の利益を注目しすぎ、自然破壊が発生しないようにしなければなりません。

第2節　エネルギーの性質

（1）再生可能エネルギー

❶バイオマス（有機物）エネルギー

　人類が文明を持ち始めた頃、空から落ちてきた隕石を鉄として利用したり、地下から銅鉱石を掘り出し生活に必要な道具に利用することなどが次第に広がっていきます。鉄は、砂鉄から作ることができることがわかり、たたら製鉄などの技術が発展します。その後大量に鉄が生産できる鉄鉱石からの生産に変わります。銅鉱石には、黄銅鉱や黄鉄鉱などがあり、銅が分離され使用する技術が発展します。銅の場合、スズと混ぜる（合金）ことによって融点が下がり、さらに加工がしやすくなります。これが青銅（bronze）と呼ばれ、銅像やさまざまな加工品が作られています。銅より硬くするには亜鉛を混ぜます。延びやすくなり（延性及び展性がよくなります）、楽器などに使われブラス（brass）、黄銅、あるいは真鍮（しんちゅう）と呼ばれます。

　これら道具の加工には、材料を溶かす必要があり熱が必要になります。最初に使用された熱は、森林など植物を燃やして得られました。このような燃料は一般にバイオマスといい、自然界に存在しているものです。また、自然界に存在する鉄は酸化鉄（鉄に酸素が化合している状態）になっていますので、その酸素をバイオマスの炭素と結合させ二酸化炭素として取り除き、還元鉄（鉄製品）を作っています。木材などはそのまま使用すると、重く（水分が多い）、燃焼時に煙も多く出るため、炭（木炭ともいいます）にして使用することが普及しました。炭は、木材を蒸し焼き（密閉状態で燃焼）し作られるもので、保存性、燃焼時の熱量の継続性が良く、煙をあまりださないメリットがあります。効率的な貯蔵が可能で、燃料として使用しやすいことから家庭用の暖房にも利用が拡大しました。近年では、その表面が極めて複雑に入り込んでいることから分

子を物理的に吸着することができる性質を利用して、脱臭や水質浄化（水の濾過）などにも利用されています。

しかし、バイオマスは産業、生活用暖房、及び戦争などに大量に消費されたため、18世紀の欧州では多くの森林を失いました。その後石炭を採掘し、さらに北海油田などから石油も大量に使用するようになります。石炭や石油が存在しなければ、人類の現在の発展はなかったと考えられます。過去には、文明の発展と共にバイオマスを消費し、消滅したことによって、人の生活そのものが持続できなくなった例がたくさんあります。昔あった多くの文明が存在していた遺産が無機質な荒涼とした景色となっています。

英国では、デンマークのバイキングに征服されていた時代に王のクヌット１世（CnutⅠ：KnutⅠ）が、1014年に森林法を施行しており、その後も支配階級が所有する庭園などを、庶民（the common people）に分け隔てなく使用させる「コモンズ（commons）」という言葉も生まれています。コモンズは、公園の考え方の原点となります。そもそも人類は、バイオマスの重要性は理解していたと考えられますが、長期間を要して失われていても、材料及びエネルギーとして利用できる目の前の必要性が消費を優先させたと考えられます。現在、英国をはじめ欧州の多くの森は人工林でできています。また、英国の環境NGOであるナショナル・トラストは、文化的な建造物の他にも田園や自然そのもの（景勝地）も保全しています。

他方、家具など生活に使用される安価な木材は、熱帯雨林の乱伐で供給されている場合があります。また、無計画な焼畑も大量のバイオマスを消失しています。都市開発が進めば、いわゆる土地開発で住宅やビル、道路などが多くの森林などバイオマスを喪失させ作られていきます。再生可能エネルギーを大量に作り出すためといって、森林や草地の土地利用転換を行いメガソーラーやウィンドファームを建設することで多くのバイオマスが失われています。バイオ燃料を製造する際にも、森林を切り開き、トウモロコシなどを栽培し、バイオマスを喪失させることが問題となりました。森林を農地にすることで、大き

な樹木から背が低い農作物になり、二酸化炭素を固定化させて作られたバイオマスの量が減少するからです。その他効率良く近代農業が行われるため、農薬、化学肥料、農業機械の利用で別の環境汚染も懸念されました。

　森林や農作物など適正に管理されていれば、二酸化炭素と水及び日光によって光合成が行われ、バイオマス（有機物）と酸素が作られるため、これらがすべてエネルギーとして消費されても環境中には二酸化炭素が増えない「カーボンニュートラル」という状況になります。藍藻類にはじまる光合成を行う生物は生命の根源であり、減少すれば生態系の維持が不安定になってきます。しかし、目の前の森林などが失われても、連鎖的な変化を生み出し、長期的に見れば生態系の維持が困難になると考える人はなかなかいないと思われます。人の寿命が数百年あれば、自然の変化を認知することができ、生活を維持するために森林保全など、バイオマスを保持する意識が高まる可能性もあります。

図表 1-12　3倍に成長したサトウキビ

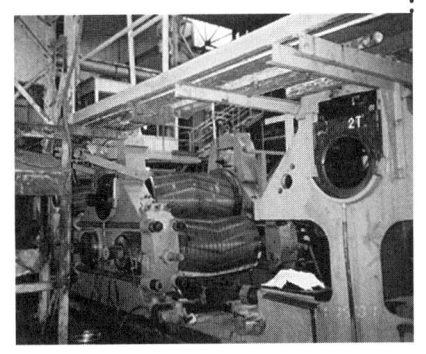

図表 1-13　砂糖製造装置（サトウキビを搾る設備）

　左の写真はアサヒビールが開発した通常の3倍に成長したサトウキビです。右は、砂糖工場の中にあるサトウキビを絞る設備で百年以上使用されており、環境効率が極めて高い装置です。サトウキビを3倍に成長させることで、砂糖の生産は維持され、エネルギーとしての利用も可能にな

ります。当初は、通常以上に成長した部分で生産できる糖分でバイオ燃料を生産することを目的としていました。また、サトウキビから糖分を搾り取った後の滓であるバガスと呼ばれる部分だけでも大きなエネルギーが得られます。バガスは、均一な構造をしていることから工業的な利用も開発されています。

農作物も収穫量を増加させる開発が進められています。バイオマス（大気中の二酸化炭素を固定化させた有機物）を増加させることは、地球温暖化原因物質の大気濃度増加を抑制することができ、材木など物質資源とエネルギー資源、及び食糧を安定して供給できる可能性が高まります。ただし、薪などを直接エネルギーで使用する場合、化石燃料、電気などのエネルギー供給に比べ、移動エネルギーが必要となるため効率が低下してしまいます。木炭やバイオ燃料などに加工することでエネルギー密度が高まり、利用の幅も広がり付加価値が高まります。

❷水力エネルギー

水力は動力としてそのまま利用することが多く、回転する力を縦の力に変え、水車で脱穀などに利用していました。わが国の文化として着物や布を染める（着色する）友禅は、川の流れを利用して染めの工程で付着した糊や不必要な染料を流しとるものです。この友禅流しも一つの利用方法です。

その後、治水や飲料水や農業用水の供給（利水）も兼ねて発電も行うダムも建設されるようになりました。しかし、大規模なものは自然の生態系及び人の生活地域も湖底に沈めてしまうため環境破壊を起こし、自然の水や河川などで運ばれていた有機物などの自然循環を狂わせてしまい環境変化も発生させます。中国の長江に建設された三峡ダムは、世界最大（2015年2月現在）の2,250万kWの発電が可能な巨大な規模であるため、環境への影響は極めて大きく、長江及び河口の黄海の水質が悪化しており、広域にわたる生態系への変化も発生

しています。ダムそのものの建設で、住まいの立ち退きを余儀なくされた人は140万人にものぼるといわれており、直接人の生活へも大きな影響を与えました。

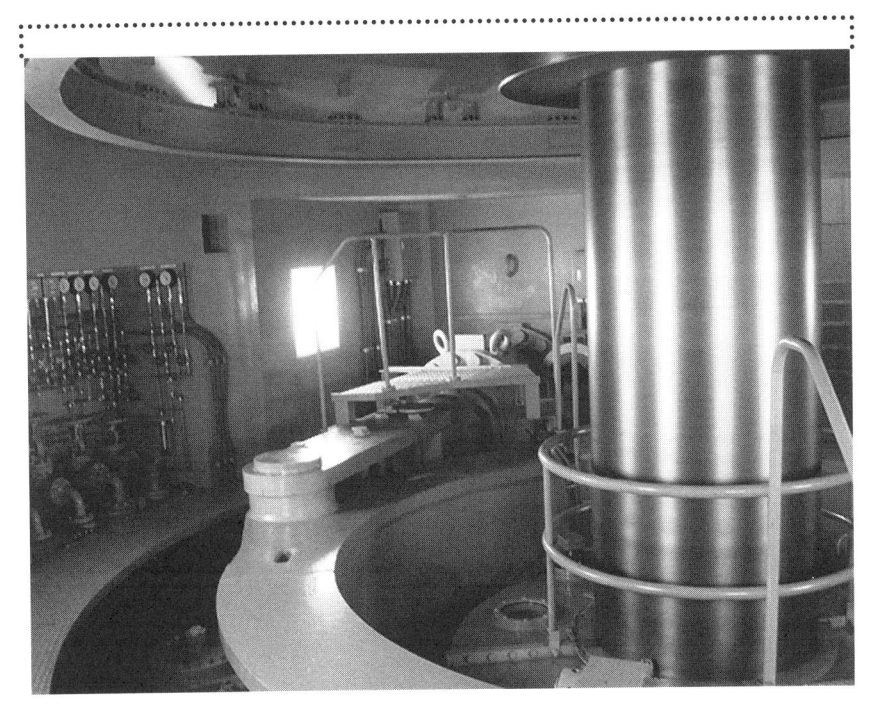

図表 1-14　揚水発電所 発電発動機

　揚水発電で使用される発電発動機は、夜間に水を汲み上げるときは発動機（モーター）で水車を逆回転させてポンプとして使用します。電力需要のピーク時には、逆に水を流し発電機の水車を回して電気を発生させています。この発電機は、1分間に429回転し、最大35万kWの電気を起こせます。これら装置・設備は、揚水ダムの地下深くに大規模な空洞を空けて設置されています。ほとんどが遠隔操作されており、設備内にはほとんど作業員はいません。設備周辺の地域は監視カメラによってモニターされています。山岳地帯に作られていますので住民はいなく、反対運動など

は起こっていません。

　また、電力消費は時間によって変動が大きく、夜より昼が圧倒的に消費しており、夏は最も気温が高くなる午後2時前後にエアコンの使用などで電力需要がピークとなります。電力不足がない安定した生活のためには、ピーク時に合わせて供給発電設備が必要となります。発電方法には、容易に停止することができない原子力発電や数時間で停止する火力発電、発電量をリアルタイムでコントロールできない風力や太陽光発電など、さまざまなものがあります。効率は非常に悪化しますがNaS電池などに電気を貯めておいて使う方法もあります。発電が始まるまでに必要とされる時間と停止するまでの時間を考慮しバランスよく最も効率的に無駄なく供給する必要があります。発電ができるまでの時間が数分で可能な水力発電はピーク時の発電に適しており、水を高い位置に貯蔵しておくことで電池を同じように使用することができます。電気は、一瞬で遠隔地に届きますので電力需要が大きい都市から離れた山岳地帯に建設しても、供給時間に影響はありません。

　したがって、いったん発電を始めると停止することが困難な原子力発電は、夜も発電をし続けているため多くの電力が余ってしまいます。この電力で河川の上流のダムへ水を汲み上げ、電力需要ピーク時に下流のダムへ水を流し水車を回して発電する揚水発電が数多く作られています。ただし、原子力発電所による夜間の電力で賄いきれないときや停止しているときは、火力発電所で新たに発電しピーク時に備えて揚水発電用ダムに水を汲み上げます。揚水発電は、あくまでピーク時に対応するためのものですから、発電効率は極めて低くなります。火力発電を揚水に利用する場合は、非常に非効率な発電になります。

　川や用水の流れを利用した水力発電は「流れ込み式小水力発電」といわれます。発電方法は、川の流れの一部を引き込むなどして水路に直接水車を設置し、水流により水車を回し発電を行うものを示します。3万kW以下の設備は前述の日本のフィードインタリフ制度である「電気事業者による再生可能エネ

ルギー電気の調達に関する特別措置法」によって売電の対象となっています。

図表 1-15　小水力発電設備

　小水力発電では、枯れ葉などゴミを除去することが必要であり、豪雨時などの安全対策が重要です。写真の小水力発電は、最大発電出力が、0.6kWのものです。水路で縦に並べれば複数の設備設置が可能になります。夜間も稼働可能であることから蓄電池と組み合わせれば、利用度の幅も広がると考えられます。

　小水力発電のメリットは、水流の量は年間を通じてほぼ予測できるため比較的安定な電力になり得ることと、土砂が流れ込むことは少なく周辺環境への影響もほとんどないことがあげられます。以前は、農協の経営で農業用水路などで多くが稼働していましたが、近年では技術開発が進み比較的小さな流れの水

流でも可能な設備が作られています。わが国の地形は、山岳地域、起伏も多く、水も豊富なため小水力発電に適した場所が多く存在しています。また、地方における地産地消エネルギーとして有望であり、災害時などの非常用電源としても期待できます。

❸風力エネルギー

　風力エネルギーは、人類はまず動力として利用していました。風車は7世紀頃から使われ出し、12世紀から欧州全般で利用され始めました。

図表1-16　水汲み式風車

　翼帆軸に羽が取り付けられ、風を受けやすい構造になっています。羽が回ることによって歯車が回転し、動力として利用します。写真の風車は水

汲み用のものです。オランダでは、国土の大半を占める低湿地の排水や粉挽きに利用してきました。19世紀までに約9,000基が作られていますが、現在存在するものはほとんどが観光用のものです。

　風車は、風向きが一定している場合は使用しやすいですが、わが国のように風向きが変化しやすい地形では、風向きに合わせたコントロールが必要になります。風力発電は、再生可能エネルギーによる発電の中では比較的大きな発電容量があり、1990年代から世界各地で普及しています。しかし、効率的な発電を実現するために大型化が進み、当初は一基数百kW程度の発電容量でしたが、2000年以降は1,500kWを超える設備が増加し、2010年以降は4,000kW程度のものも建設されだしています。

　風力発電設備は、送電用鉄塔より大きいものが多く、ブレードも非常に大きいためゆっくり回っているように見えても先端部分は極めて速いスピードです。野鳥や渡り鳥が衝突するバードストライクも増加しており、ブレードが見つけやすいように着色などの対処がなされていますが、数多くの被害が発生しています。ウィンドファームは景観を変化させるため、風力発電設備が普及したデンマーク・ユトランド半島では、1990年代から問題となっています。東日本大震災の際に原子力発電所の停止で送電が途絶えた地域に風力発電によって供給が行われた例もあり、地産地消での利用には有効と思われます。しかし、首都圏に送電するためにウィンドファームを建設すると自然破壊が懸念されます。世界各地の複数の地域でウィンドファームが建設されましたが、事前に環境アセスメントは行われていないことが多いため、今後の環境影響は不明な部分が多いと思われます。単純に「環境に良い」として建設が進められた傾向が強いため、思わぬ被害が発生することが懸念されます。人の生活への影響も顕著となってきているため他の都市開発と同様に十分に環境アセスメントをすることが必要です。

図表 1-17　ウィンドファーム（風力発電設備）

　海岸線に設置された風力発電設備です。以前は電柱で送電線をはりつないでいましたが、東日本大震災以降電線の地中化が進み、津波対策が図られています。また全風力発電設備は電気通信によって遠隔操作されており、発電現場には作業員は常駐していません。オフショア（海上）での発電に関しても技術開発が進んでおり、海に浮遊する設備も研究開発されています。

　風力発電設備は、国際的にはデンマーク、ドイツ及びスペインのメーカーが主流です。風力発電のコントロールで最も重要なナセル（ブレードが付いている後方部分です）の中に電子回路が設置されており、工業所有権が存在するため容易に国内メーカーが修理できないため故障時に長期間止まってしまうなど問題が発生しています。また、わが国の四季（梅雨など）による気温の上下や台風による破損などの問題もあります。わが国の風土にあった風力発電設備を

開発していく必要があります。

　また、風力発電で発電できる時間帯は、電力需要に合致しているとはいえません。しかし、バイオマスや水力と異なりエネルギーを容易に貯蔵できないため、発電した電気を貯める必要があります。二次電池への電気の貯蔵は非常に効率が悪くなりますので、発生した電気で水を電気分解して水素を生成し貯蔵する開発が進められています。水素は効率が良くエネルギーが得られる燃料電池の燃料となります。他方、大型化で効率良く発電することが進められている風力発電や小型化し身近なところでも設置できる設備・機器の開発も進んでいますので、今後の技術開発が期待されます。

❹雪氷エネルギー

　冬に暖かい部屋で、冷蔵庫から冷たい飲みのものを出して飲むことは、日本では一般的に行われています。しかし、冷蔵庫の中と外に積もった雪で冷やされた外気温はほとんど変わらなかったりします。快適な生活ですが、無駄に基づいています。もっとも冷蔵庫は冷蔵庫内にあった熱を室内に放出していますので、暖房の役目を果たしているともいえますので単純に無駄になっていないともいえます。

　　水は4℃で密度が最大となり、氷になると容積が大きくなるという、他の多くの化学物質と異なる性質を持っています。人工的に雪の結晶を作り出すことも研究され、物理学者の中谷宇吉郎は、はじめて実験室内での生成に成功しています。この研究では数多くの知見が得られ、雪ができる現象に関するさまざまな解析が行われました。そして雪生成と気象現象との関係についても新たなメカニズムが解明されました。冬には水分が、冷たい風（空気）にふれて透明な氷になる氷柱（つらら）や氷を張ることもよく見かけます。写真はガラスの上で凍り付いて氷の結晶が現れたものです。また、冬に地中から水分がしみ出してきて細い柱状に氷の結晶が成長し霜

柱となり、地上の表土や比較的大きな石も持ち上げることもあります。

図表 1-18　氷の結晶

　雪氷そのものに注目すると、その個体自体が冷熱エネルギーであることに気がつきます。雪は、上空の大気中にある浮遊粒子（種結晶）の周りに水分子がついて凝固（固体になること）してできた結晶です。氷晶といわれます。地上に落ちるまでに成長していき、小さな粉雪、大きな牡丹雪などになっていきます。きれいな白色に見えるのは、結晶の表面に反射面が多くほとんどの波長の光を反射するためです。物質は通常、温度が下がると気体から液体となり、さらに温度が下がると固体になりますが、雪ができる上空は非常に低い気温で気圧が低いことから、水蒸気から突然、固体（雪：氷の結晶）になります。これを昇華といいます。なお、ドライアイス（二酸化炭素の固体）のように固体から突然気体になることも昇華といいます。また、地上から 100m 高くなる毎に約 0.6℃ 低下します（10,000m 程度まで）ので、地上が 0℃ の場合、上空 2,000m で -12℃ です。ただし、地上が 0℃ を超えている場合、空から降ってきた雪は液体（水）に戻り地上で霙（みぞれ）や雨になります。

　この冷たい大量の固体である雪氷は、大量の冷熱エネルギーで実は燃料と

同じ役割をすることが可能です。前述の冷蔵庫やクーラーは、（力学的エネルギーで）減圧され温度が下がった冷媒で、生成した冷熱エネルギーを利用しているものです。減圧（負圧）環境を作るには、動力が必要になります。すなわち、この動力の燃料である石油、石炭、天然ガスなど化石燃料や電気が気温より低い温度の空気を作っていることになります。雪氷は同じ働き（仕事）をする機能を持っています。

　低い気温は、食品の腐敗の原因である微生物（菌）の繁殖を抑制することができます。電気冷蔵庫は、この低温による保存を行うための生活必需品になっています。雪を冷蔵に使用することは、スウェーデンで5世紀頃すでに始まったとされています。当時雪は、冷熱エネルギーとして、デンマークやドイツに輸出されていました。日本でも雪国では氷室に食品を貯蔵し、冷蔵庫としています。現在でもピロティに雪を貯蔵し、夏の冷蔵庫としている例もあります。北海道や新潟では、学校など公共機関で夏の冷房に使用しているところもあります。エアコンは大量のエネルギーを消費しますので、雪を冷房に利用すれば合理的な省エネルギーの方法となります。雪は、空から降ってくる重要なエネルギーであるともいえます。わが国のようにエネルギー資源が極めて乏しい国ではもっと注目すべきでしょう。

　空から降ってくる雪氷は、生活において邪魔になり、場合によっては捨て場所に困ります。北陸などの冬には、道路の雪を溶かすために地下水（淡水）を道に撒いています。雪を溶かす（水との発熱反応で溶解する）塩化カルシウムはホームセンターで購入することもできます（ただし、この反応では塩酸も生成するため金属類を腐食する環境汚染を起こす可能性があります）。身近にある冷熱エネルギーである自然の雪氷を上手に利用する方法を開発していくことで無駄にしていたエネルギーを有効利用することが期待できます。

❺太陽光エネルギー

　太陽エネルギーは、光合成にはなくてはならないもので生態系を維持するための最も重要なエネルギーです。太陽光にはさまざまな波長の光が含まれてい

ますが、生物にとって有害な光のほとんどは前述の通り地球に備わった機能で遮断しています。地上に到達しているエネルギーでわれわれを暖めてくれる日光は赤外線です。いわゆる暖かい光です。しかし、夏には気温を暑くし湿気が多いときには汗で熱を放出することもできなくなり不快になります。熱波（著しく気温が上昇する現象）が発生すると生命にも危険が及びます。

この日光から与えられる熱を上手に利用する方法がいろいろと考えられています。建築分野では、利用できる太陽エネルギーはできる限り使い、不必要なエネルギーは遮断する構造の建物が作られています。その方法は2つに分類され、その一つは「アクティブタイプ」と呼ばれ、直接専用機器を屋上に取り付けたりし、太陽熱を直接利用する方法です。もう一つの方法は、「パッシブタイプ」と呼ばれ、窓面積を広くして太陽が射し込めるようにしたり、床や壁の蓄熱性・断熱性を良くしたりして間接的に太陽熱を利用する方法です。

図表 1-19　太陽熱利用システム

太陽光の赤外線を活用し、得られた熱を動力として使用し、冷房空調に利用しています。写真の円柱の棒は太陽熱集熱器で温水を使い、都市ガスを利用している設備の燃料を減少することができます。

第 1 章　サービス

　温水はそのまま暖房に利用することもでき、家庭用の太陽熱利用装置は給湯にも使用しています。ペットボトルに水を入れ日光に曝しておいても温水を得ることはできます。

　アクティブタイプのものは、太陽熱を給湯などそのままエネルギーとして利用するため利用方法の開発がさまざまに行われています。熱をそのまま給湯などに使用するタイプは、中国などで既に広く普及しています。わが国もオイルショック後に普及の兆しはありましたが、不正業者が問題となり普及には至りませんでした。パッシブタイプのものは、特殊な赤外線の透過性を持つ窓ガラスや断熱材料など、既に普及が進んでいる商品もあります。風通しなど自然の特性を利用した設計など多くの技術、アイディアが生まれており、今後多くの建築物にさまざまに利用されていくと予想されます。また、近年では、アクティブタイプ及びパッシブタイプを組み合わせたものや太陽電池など再生可能エネルギー、深夜電力蓄熱利用などを使用したもの、サスティナブル建築に配慮したものなど、資源生産性の向上を随所に取り入れられた建築物が作られています。
　別途、凹面鏡や複数の鏡で太陽熱を集めた熱エネルギーで蒸気を発生させタービンを回し、発電を行う太陽光エネルギー利用も実用化されています。米国のアリゾナやアラブ首長国連邦 (United Arab Emirates：UAE) などで研究開発が進められています。
　他方、太陽光を太陽電池 (半導体 [semiconductor] で作られた光を電気エネルギーに変換する素子です。：電気を貯める電池ではありません) で発電する方法も世界的に普及しています。太陽光発電 (photovoltaic power generation) または、ソーラー発電 (solar photovoltaics) あるいは PV 発電と呼ばれています。この発電は、火力発電、原子力発電、水力・風力発電と異なり、タービンを回して発電するのではなく、光を電力に変換する光電効果という物理的な変化を利用しています (最高のエネルギー変換効率は約 40 ％ [2015 年 2 月現在] です)。パネルに多くの太陽電池 (セル) を設置し、それらを繋いで電気を起こしています。

太陽電池に使われる半導体には、結晶のシリコン（silicon：ケイ素〔Si〕）が使われることが多く、発電効率は低くなりますが形状を変化させることができる（薄膜）非結晶シリコン（アモルファスシリコン：amorphous silicon）や比較的熱に強い性質を持つ（薄膜）CIS［銅：Cu、インジウム：In、セレン：Se］（化合物半導体）も開発され実用化、普及してきています。CISを使用した大規模な太陽光発電施設（メガソーラー）も国内で建設されています。なお、半導体には、ほとんどが結晶のシリコンが使われていますが、機能に応じて、ゲルマニウム（Ge）、ガリウムヒ素（GaAs）、ガリウムヒ素リン（GaAsP：LED［発光ダイオード］として赤や黄の光を作り出すこともできます）、窒化ガリウム（GaN）、炭化珪素（SiC）などが使われます。半導体素子は、電子部品としてコンピュータ、携帯通信機器など電子機器に幅広く利用されています。

　太陽光パネルは、住宅の屋根やビルの屋上、休耕田、あるいは森林を切り開いて設置されています。太陽電池は、1950年代後半から人工衛星や無人灯台、電気通信機器の電源などに利用され、オイルショック以降に一般電源としての開発、実用化、普及が進み、電卓、屋外時計及び電力供給源としての発電源となっていきました。1980年代からわが国の科学技術庁（現 文部科学省）で、衛星に設置した太陽光パネルによって宇宙で発電し、このエネルギーをマイクロ波に変換して、地上のアンテナに電波でおくる研究開発も行われています。

　太陽光エネルギーがさまざまな形で利用される方法が開発されており、今後、生活に使われていく可能性が高まると考えられます。しかし、一般的な電力供給施設としては建設コストが高く、さらに発電効率もあまり高くない（ほこりやゴミが付着したり、雪が積もったりすると発電効率が極端に低下します）ことから、主要な電力供給源となることは困難であると考えられます。現状の技術のまま電力供給源として発電設備を増加させても電気料金の値上げは必須であり、生活への費用負担は避けられません。第1回低炭素電力供給システム研究会が発表（2008年7月8日）した試算では、原子力発電所100万kW級原子炉一基分の敷地面積は、0.6km²（建設費：約2,800億円）で、この容量に相当する発電を太陽光発電で行うと、山手線内とほぼ同じ面積の約58km²で建設費

が約3.9兆円と膨大な費用が示されています。また、寿命後に廃棄された莫大な使用済設備のリサイクルや処分方法の検討も必要です。

　再生可能エネルギーの多くは、そもそもは太陽エネルギーに基づくものですが、太陽光エネルギーは、日光をそのままエネルギーとして利用するものです。このため、エネルギーの生産は天気に左右され安定して供給することは困難です。補完的なエネルギーとして位置づけることが妥当と思われます。供給に斑（ムラ）がありすぎるため、ベースロードで使用するには無理であると考えられます。太陽光から得られる可視光で人をはじめ多くの生物が生活を行っていますが、季節による日射時間の変化、天気による照度の変化など自然による現象は、われわれは受容してあたりまえと思っています。しかし、エネルギーの供給となると我慢を受容することは難しいと思われます。夏の暑い日にエアコンがない場所では、近年ではあたりまえのように不満が噴き出します。自然エネルギーは、性質をよく理解した上で、上手に無理なく使用しなければなりません。

❻地熱エネルギー

　火山地帯の地下数キロメートルから数十キロメートルにあるマグマ溜まり（1,000℃程度にもなります）が地下水を加熱して、高圧の熱水や水蒸気が発生します。この熱を地熱と呼びます。また、火山地帯ではない地域では地下数百メートルまでは、地上気温より温度変化が小さく夏は低温で冬は比較的高温になっています。前者の地熱は、熱エネルギーとして発電をはじめ熱供給が既に世界各地で行われています。後者は、地下から夏は冷熱、冬は温熱として取り出し家庭や事業所の建物の空調に利用していますが比較的新しい技術で、太陽光エネルギーで取り上げた「アクティブタイプ」の利用方法に類似しています。どちらの設備も高額であるため計画的な設置、運営が必要です。

　歴史が長い地熱発電は、火山が多い国では重要な電力供給源となっており、2011年の発電容量は、米国が311.2万kW、フィリピンが196.7万kW、インドネシアが118.9万kW、メキシコが88.7万kW、イタリアが86.3万kW、ニュージーランドが76.9万kW、アイスランドが66.5万kWとなっています（独立行

政法人 石油天然ガス・金属鉱物資源機構がBP［British Petroleum］統計2012に基づき作成・発表した資料より）。わが国は、2012年12月現在で、17ヵ所の地熱発電所があり、13ヵ所が電力会社の事業用の発電所で、4ヵ所は自家用発電所となっています。認可されている発電出力は、総計で515,090kW（51.509万kW：515.09MW）です。最も大きい発電容量を持つ装置は、1995年から運転している東北電力柳津西山地熱発電所にある65,000kWの施設で、九州電力八丁原発電所には55,000kWの発電容量がある設備が2基（1977年と1990年から）及びバイナリー（binary cycle）発電設備の2,000kW（2006年から）を加え112,000kWと、一つの発電所内としてはわが国最大の発電設備容量があります（火力原子力発電技術協会『地熱発電の現状と動向2010・2011年版』［2012年］より）。

　なお、バイナリー発電とは、低温排熱を電気エネルギーに変換する熱エネルギー回収システムを意味し、アンモニア、ペンタン、フッ化炭素類など水よりも低い沸点を持つ熱媒体（蒸気の代わりに利用）を、低温排熱による熱温水で沸騰させタービンを回して発電させることをいいます。草津温泉では、源泉からのお湯が95℃と高温であることから7℃の上水道と熱交換し（お湯の温度を適温に下げる効果もあります）、ホテル、旅館、一般世帯に温水を供給しています。また、草津町内の道路に温泉、温水、廃湯（温水）管を埋設し、冬期の融雪、凍結防止を行っています。この他地熱発電での余剰熱や温水を、近くの温室栽培に活用している例もあります。

　しかし、わが国は火山が多い国で地熱発電用資源の潜在量も豊富にありますが、国内電力需要に占める供給割合は0.3％程度（2010年度：約2,764GWh、火力原子力発電技術協会調べ）と非常に少ない発電容量です。わが国では、地熱発電所の候補地が国立公園に指定されていることが多く、自然保護の観点から1972年に通商産業省（現 経済産業省）と環境庁（現 環境省）の間で交わされた「既設の発電所を除き、国立公園内に新たな地熱発電所を建設しない」内容の覚書を結んでいたため建設が見合わされていました。2011年に環境省が再度当該立地に対して再検討し、2012年から国立公園内の開発に関して届出が

不要になり、規制緩和が進んでいることから今後地熱発電所が増加することが予想されます。ただし、電力事業規模の大型蒸気井戸をボーリング(1,000m以上)するには数億円が必要となり、建設コストが大きいことからビジネスが行える主体は限られると思われます。

図表1-20　松川地熱発電所（わが国最初の商業用地熱発電所）

　わが国の地熱発電の技術開発に関しては、1919年に大分県別府で地熱用噴気孔の掘削に成功し、1925年に東京電灯研究所で実験発電に成功しています。これが日本での最初の地熱発電とされています。
　その後、松川地熱発電所で1950年に当時の工業技術庁（その後工業技術院となり現在は独立行政法人産業技術総合研究所）大分県別府市・白滝温泉で地熱発電の試験に使った設備を、1964年に一号井で利用して試験発電(タービン：30kW、発電機25kW[220V]三菱重工製)が行われました。

商業用地熱発電施設は1963年から建設に着手し、1966年に日本で最初の商業用地熱発電所として運転を開始しました。その後発電所として安定した運転を続けています。

　この地熱発電所は、十和田八幡平国立公園区域内にあります（本文中の通産省と環境庁で交わした国立公園内での建設不可の「覚書」締結前）。松川温泉に隣接しており、江戸時代中期の開湯といわれ、湯治場として親しまれています。近くには溶岩が柱状に固まった「松川玄武岩」があります。

　わが国の地熱発電所は、地下から吹き出した水蒸気、熱水など吹き出した水は復水器（近くの川などから取り込んだ河川水で冷却する装置）で冷却し、還元井（かんげんせい）で再度地下に戻されています。こうすることによって、地下に存在する地下水の減少を緩和させ環境への影響を抑えています。運営時にも環境コストが必要です。海外では、還元井設備を設けないところもあり、地下水の枯渇など問題が起きているところもあります。

図表1-21　地熱発電所の生産井

第 1 章　サービス

　地下のマグマで約 200～350 ℃ に高温になった地下水（熱水）を汲み出している生産井です。地下水が熱水になる場所（岩盤の割れ目：すきま）を貯留槽といい、ボーリングで探し出し地熱発電所のエネルギーとします。汲み上げられた熱水及び蒸気は、気水分離器で蒸気と熱水に分けられて蒸気がタービン設備に運ばれ発電が行われます。

　九州大分県別府市の観光ホテル杉の井では、オイルショック以降、化石燃料代替の必要性が社会的に高まったことから、温泉源の蒸気を利用した発電（地熱発電）を 1981 年に導入しました。当時わが国ではホテルが使用する程度の小型地熱発電設備設置の経験がなかったため、土木工事など多額のコストを要し、通産省（現　経済産業省）からの補助金も利用し導入しました。発電施設設置に当たっては、電気事業法の規制により、民間事業者で大型のものを運転することは不可能でしたので、最大出力 3,000kW の設備（三菱重工製）を設置しました。周辺の温泉からは、温泉の湯量が減少することが懸念され、話し合いにより慎重に対応を行っています。余剰発電容量は九州電力に売電していますが、夏にエアコン用などで急に電力消費量が増加した場合は、別途ディーゼルタービンで自家発電を行ってホテルへ電力を供給しています。2006 年には、1,900kW と設備を縮小しています。なお、地熱発電用タービン設備の世界シェア（2012 年）は、東芝、富士電機、三菱重工とわが国のメーカーが 60 数パーセントを占めています。

　地熱発電所の蒸気・熱水配管は、運転を続けると写真のようにスケールが詰まり地熱（エネルギー）の汲み上げができなくなります。定期的に洗浄しなければなりません。温泉の源泉からの配管も同様のメンテナンスが必要です。また、タービンのローターにもスケールの付着が多いため分解点検が必要になり、同時に蒸気に含有されるイオウ酸化物による酸化腐食の点検も行い定期的に部品交換を行っています。

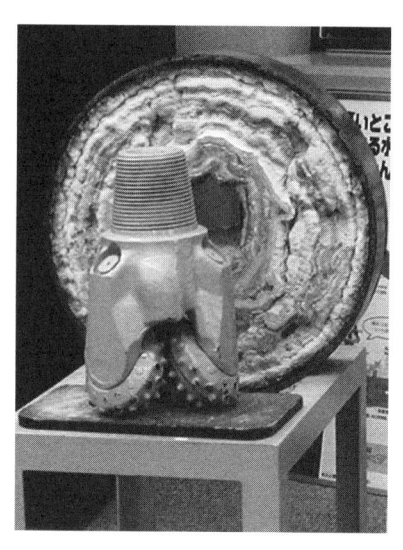

**図表 1-22　蒸気・流体輸送管（配管）に詰まったスケール（Ca、Si）と
ボーリング用ドリルヘッド**

　対して、地熱発電を運営する際に環境負荷も生じます。温泉地でイオウ臭を感じることがよくありますが、この硫化水素は有害物質で注意しなければなりません。東北電力柳津西山地熱発電所では、イオウ分を多く含む水蒸気が吹き出すため大型の硫化水素除去装置が取り付けられており、イオウ分の大気中への放出を防止しています。イオウ酸化物は酸性雨の原因物質で、大気中で水分と化学反応し結びつき酸性度の高い硫酸になってしまいます。また、この酸性度が高い蒸気または熱水でローター（発電機の回転子）など設備・装置の酸化腐食が起こり、蒸気成分に含まれるスケール（Ca、Si）が蒸気・流体輸送管（配管）に詰まる故障も発生してしまうため定期的なメンテナンスは極めて重要です。蒸気や熱水の噴出の状況は、変化があるため蒸気井・生産井のチェックも行っています。温泉のふきだし口の状態を調べることによっても確認している場合もあります。

　周辺環境への環境負荷に関しては、地下深くに存在しているヒ素など有害物

質が含まれた熱水、水蒸気が吹き出すこともあるため常時モニタリングも必要です。発電の際に騒音もあるため、住宅が隣接している場所ではサイレンサーを設置している発電所もあります。

(2) 枯渇エネルギー

❶化石エネルギー
(a) 石炭

　貯蔵及び採取がしやすい木材などバイオマスは、人類の無計画な消費によって世界の至る所で枯渇の危機に瀕しました。バイオマスがなくなり文明そのものが消失した例もあります。木材によるエネルギーが不足し、代わりに登場したのは石炭です。石炭は、高いエネルギー密度を持ち、動力や暖房の燃料源として世界中に広まりました。

　石炭（coal）は、地層年代で約3億6千万年前から2億9千万年前までの石炭紀（carboniferous period）に堆積した植物（巨大なシダ類やブナなど）が微生物によって分解され炭素が濃縮され泥炭（peat）になり、地中深くで温度、圧力の作用によって長期間をかけて、褐炭（brown coal、Lignite）、瀝青炭（bituminous coal）と変化し、無煙炭（anthracite）を生成（石炭化）していったと考えられています。いわゆる植物の化石です。石炭化が短期間のものは、熱量が低く、泥炭は、無煙炭の3分の1程度しかありません。また、ケイ素を多く含んだものは、石炭には変化せず珪化木という化石になっています。

　炭鉱（炭坑）には、石炭の生成時に微生物の無煙炭（anthracite）メタン発酵によって生成したメタンガス（天然ガス）も存在しています。石炭採掘時は、メタンガスの存在は発火によるリスクを高めたため、ドラフターなどによるガス抜き、採掘前のガス抜きなどを行い注意していました。メタン（CH_4）は1 mol、16.05 g（空気28.966 g/mol、1.293 kg/m^3）なので空気より軽く、ガスだまりから抜くのは容易だったと思われますが、常温で無色無臭であることから採掘坑道における上部に溜まる場合は非常に危険であったと考えられます。

図表 1-23　珪化木

　地下に埋もれて珪化した樹幹の化石で保存状態が良いものは年輪や木の形まで保存されているものもあります。石炭の採掘地周辺で出土することもあります。一部が石炭状のもの、石炭に近い状態になっているものもあります。珪化木はケイ素を多く含んでいるため硬度が高く、石炭採掘現場では掘削の障害となることもあります。写真は、ナンヨウスギの珪化木（petrified wood）で三畳紀（約 2 億 5,000 万年から 1 億 9,900 万年前）のものです。

　世界の主な石炭層は、石炭紀以降に形成されました。世界各地に埋蔵されているとされていますが、主要な採掘国は、米国、中国、ロシア、英国、オーストラリア、ドイツ、南アフリカ、ポーランド、インド、カナダなどです。ドイツは、低品質の石炭でエネルギー効率が低い褐炭の生産が多く、瀝青炭は、日本の石狩炭田、三池炭田で産出され、多くが製鉄用（熱源及び還元剤［酸化鉄から酸素を除去し還元鉄とすることです］）のコークス製造原料に利用されました。

　わが国の石炭採掘は、17 世紀後半（江戸時代）から筑豊炭田（福岡県田川市など）で行われ、18 世紀末には三池炭田（福岡県大牟田市周辺：発見は 1469 年といわれる）が開抗されました。関東周辺でも 19 世紀には常磐炭田（福島県い

わき市周辺)で採掘が始まり、一時は国内に128ヵ所の炭坑が稼働していました。筑豊炭田の石炭は、八幡製鉄所の製鉄(鉄鉱石の還元と溶解)に使用され、当時の日本の経済成長に極めて重要な役割を果たしました。しかし、現在(2015年2月)は、わが国の経済発展の結果、「円」の為替レートが高くなり、海外から(見かけ上)安価な石炭が輸入されるようになり、採算が合わなくなりすべての炭坑が閉山しました。各炭坑では明治以降、効率的な採掘を推進するため機械化を行い、量産を進めました。これにより石炭鉱床の枯渇を早め、ダイナマイトの利用などによる大事故や、石炭粉じんによる粉じん爆発、人の肺に入り込み健康障害を発生させるじん肺が問題となりました。当時の炭坑における石炭採掘作業は、危険性、有害性が高かったといえます。

世界各国で大量に消費されているコークスは、空気を遮断した状態で石炭を蒸し焼き(乾留)にして作ります。この製造工程を経ることによって、石炭(無煙炭)よりも単位量当たりの熱量が高くなり、蒸気機関などに利用されました。製造時の副生成物としてイオウ、コールタール(粘性が高い油状物質)、ピッチ(またはコールタール・ピッチと呼ばれる黒色の固体)が分離されます。コールタールは、17世紀から研究開発が進められ、その後石炭化学における化学合成用材料(芳香族化合物)の主要な供給原料となりました。現在でも染料やタイヤに配合されるカーボンブラックなど高い需要があります。ピッチは、石炭をガス化した際に残渣として発生する物で電極や炭素繊維の原料となっています。炭素繊維は、飛行機や自動車の軽量化に重要なCFRP(Carbon Fiber Reinforced Plastics：炭素繊維強化プラスチックス)の原料となっており、省エネルギー技術開発にとっても重要な材料です。

石炭の成分には、炭素、水素、窒素、イオウ、リンなどが含まれており、燃焼すると大気汚染物質である「ばい煙」が発生しやすく、「ばいじん」や、窒素、イオウの酸化物である、「窒素酸化物(NOx：ノックスといわれます)」や「イオウ酸化物(SOx：ソックスといわれます)」といった酸性雨の原因を環境中に放出します。また、ばいじんにはSPM(Suspended Particulate Matter：浮遊粒子状物質)を含んでおり、大気中に放出してしまいます。粒子径が2.5 μm以

下のSPMを特にPM2.5と呼び、浮遊しやすく大量に放出すると越境移動もしてしまいます。SPMは、健康影響として呼吸器系の疾患などを引き起こし、粒子が小さくなるほど肺の奥深くまで侵入するため有害性が強くなります。微量ですが水銀が含まれるため、2013年に採択された「水銀に関する水俣条約」の検討においても問題となりました。

わが国では、これら環境負荷に対処した石炭をガス化して効率良く発電する火力発電の技術開発を行っています。この発電方式は、「石炭ガス化複合発電（Integrated coal Gasification Combined Cycle：IGCC）」といい、次世代の石炭火力発電システムとされています。コンバインドサイクル発電という、ガスタービンと蒸気タービンを組み合わせて発電する方法を採用し、窒素酸化物、イオウ酸化物、ばいじん、及び有害物質の排出が極めて少ない液化天然ガスコンバインドサイクル発電とほぼ同じ発電が可能になり、既存の石炭火力発電所より約2割少ない石油火力発電と同様の二酸化炭素の排出で抑えることに成功しました。枯渇が懸念される石油、天然ガスの代替発電方法として期待されています。福島県いわき市佐糠町には、常磐共同火力株式会社が運営する勿来（なこそ）発電所内に25万kW実証プラントが建設され、最新鋭の石炭火力発電と同等の発電効率を達成し、2013年から商用運転を開始しています。

他方、石油に比べエネルギー密度は低いですが、現在でも家庭用の暖房、ボイラーや発電に利用されています。特に発電に利用する場合、スラリー状（液体状）にして取扱いやすくして燃焼させる技術が進み、多くの火力発電所で大量に石炭を消費しています。大量に発生する発電残渣の灰（フライアッシュ）は、セメント混合用として利用されており、道路の路盤骨材、建材（軽量骨材）、漁礁などに利用する開発も進められています。石炭灰のケイ酸（ケイ素、酸素、水素の化合物）は、ケイ酸カリ肥料の製造に利用されています。

（b）石油
1）起源

石炭紀に巨大なシダ植物などが地上に生い茂りで、昆虫や爬虫類など動物が

出現し繁殖し、海洋でも同様に植物、動物が繁栄しました。石油（petroleum）は、この時期から白亜紀、第三紀の地層（約2億4500万〜6500万年前）から主に採掘されます。

　ただし、石炭のように起源が明確ではなく、地球でどのように石油が生成されたのかは未だ議論が続いています。最も有力な起源説は、生物由来説で石炭の生成に類似しています。石炭と違い樹木ではなく、プランクトンや藻類などの死骸が堆積し、嫌気性細菌の作用の後、地中で地熱、圧力、地下物質がさまざまに働き油田を形成したというものです。しかし、石炭とは異なり地下深くからも採掘されることから、地球誕生時から存在する炭化水素が圧力、温度あるいは放射線などの影響で石油が生成したとする無機説もあります。この学説は、元素の周期律を発見したロシアの化学者メンデレーエフ（Dmitrii Ivanovich Mendeleev）が1870年代に唱えたとされています。無機説に基づくと地下深くにまだ莫大な石油が眠っていることも予想されます。

　石油起源無機説が正しいとなると、石油の枯渇に関する検討は、かなり異なってくると考えられます。エネルギー不足による経済成長の障害はほとんどなくなる可能性があり、プラスチック製品も莫大に生産されていくおそれがあります。「気候変動に関する国際連合枠組み条約」の具体的な規制について国際的にコンセンサスが得られない状態が続くことで、石油の消費が続き、二酸化炭素の排出も増加し続けることになります。地球の大気は、これまでに経験したことがないほどの二酸化炭素濃度となり、赤外線（熱）の吸収の増加で生物が消滅する気温になることも懸念されてしまいます。生活の中に莫大なプラスチック製品が供給される可能性もあります。そして、その廃棄物も莫大に増加していくこととなります。別途、環境リスクに関した国際的な議論が必要となるでしょう。

2）石油の種類

　石油とは、一般的に地下から掘り出された原油（crude oil）と精製して化学品原料や燃料に分離されたものを示します。精製の際に沸点の違いにより分留（常温蒸留）を行い、沸点の低いものから、蒸留ガス、化学製品やガソリン

(gasoline)の原料となるナフサ(naphtha)、灯油(kerosene)、軽油("gas oil"は、ディーゼル機関用燃料、またはハイオク製造原料［接触分解ガソリン］、"light oil"は、さらに分留しコールタールを製造)、重油(A、B、C)、アスファルトの原料油に分けられます。

　重油(heavy oil)は、燃料油(fuel oil)とも呼ばれ、イオウ分が多く粘土が高く、石油精製の残渣油のことをいい、その配合の量が増える順で、A重油、B重油、C重油となります。C重油は90％以上が残渣であり、イオウ分が多量に含まれ、粘性が非常に高く、燃焼するとばい煙が大量に発生します。わが国でも1950年代から各地で問題となった大気汚染の原因物質です。ボイラーや火力発電所で大量に使用されていました。地方公共団体の条例で排出規制が行われ、1968年に施行された「大気汚染防止法」でばい煙が規制されたことで火力発電所はLNG(liquefied natural gas：液化天然ガス)などに転換し、国内での燃料としての使用量は減少しました。また、重油をさらに化学的な処理(分解)をしてナフサ、灯油、軽油、A重油に改質して使用するようになりました。

図表1-24　日本の一般的ガソリンスタンドの販売表示

レギュラーとは、石油を分留して得られた石油精製製品です。ハイオクとは、ガソリンのオクタン価（炭素が8つの炭化水素）ガソリンの配合率が高い燃料で、ナフサや軽油を化学処理して作られる安定した燃焼が得られます。高級車のエンジンへの燃料に適しています。軽油は分留で比較的沸点が高い石油で高出力です。また、灯油の給油も行われています。別途タクシーなどの燃料となっている天然ガス専門のガソリンスタンドもあります。
　北欧では、バイオ燃料を配合したガソリン（3％配合はE3、5％配合はE5と表示してあります）やバイオガス（[有機廃棄物など]有機物の発酵で製造されたメタンガス）が販売されている国もあります。

　なお、A重油と灯油を混ぜて軽油とする不正軽油が問題となったことがあります。この製造の際に濃硫酸で処理する工程があり、硫酸ピッチという有害物質が発生し、不法投棄、不適正保管が環境汚染問題となりました。硫酸ピッチは、強酸化性物質ですので腐食性が高く、水と反応すると有害な亜硫酸ガス（目や皮膚などを傷つけます）を発生させ生活環境に被害を及ぼす化学物質です。2004年に改正された「廃棄物の処理及び清掃に関する法律」で硫酸ピッチを指定有害廃棄物に定め、保管の上限を20kℓに制限し処理基準を厳格化、罰則を設けました。また、軽油の密造及び軽油引取税の脱税に関しても、同年に地方税法が改正され罰則が強化されました。環境省の報告によると、2008年度、2009年度は、硫酸ピッチの不法投棄、不適正保管など不適正処理は確認されていないとのことです。
　石油の不適正な使用は、非常に危険ですので注意しなければなりません。また、原油の中には有害物質が含まれていますので管理も重要です。地震など自然災害や事故で石油タンクや大量の石油製品が爆発炎上することがありますが、亜硫酸ガスなど有害物質に注意する必要があります。健康被害を防止するために、なるべく風上の離れた場所に避難することが必要です。

（ｃ）天然ガス

　自然に吹き出すガスはすべて天然ガス（natural gas）といわれ、石油起源における生物由来説とほぼ同様の時期から生成されたと考えられています。発生のメカニズムもほぼ同様で、動植物の死骸が分解して作られ始めたとされています。天然ガスとして採取されているものには、石油ガス、炭鉱ガス、石油や石炭と関係なく地下水と共に産出する水溶性ガスがあります。わが国では、北海道、新潟、千葉県で産出されています。わが国の水溶性天然ガスの特徴として、ヨウ素（世界生産第二位）も同時に採取できることあげられます。しかし、国内の需要は満たすことができず、石炭、石油と同様に海外から輸入されています。

　天然ガスの主成分はメタンですが、その他エタン（C_2H_6）、プロパン（C_3H_8）、ブタン（C_4H_{10}）などのガスが含まれています。したがって、輸入先産地でガスの構成成分が若干異なっています。前述の通り、近年ではシェールガスが注目されており、メタンハイドレートも将来の採取が期待されています。天然ガスはメタンがほとんどであることから燃焼効率を高めることができ、火力発電所では天然ガスによる発電の普及が進みました。ただし、プロパンは、メタンに比べ燃焼時の熱量が非常に高いことから、中華料理など強い火力が必要なレストランなどはガスボンベで供給されるプロパンガスを使用しています。また、都市ガスは、以前、石油ガスや石炭改質ガスを使っているところもありましたが、現在は天然ガス及び国内で産出される天然ガスに液化石油ガス（liquefied petroleum gas：LPG）を混合したガスがほとんどとなっています。

　なお、メタンは無色透明で無臭ですので、都市ガスには安全性を考慮してガスの中に臭いを発生する化学物質を加えています。また、地震や事故など災害時及びガス漏れが起きた場合に、自動的にガス供給を遮断するマイコン内蔵メーターをほとんどのガス供給事業者で導入しており、リスク回避可能性を高めています。都市ガス事業者が燃料電池の家庭への普及を行っていることから、HEMSによる管理なども取り組まれていくと考えられます。

図表 1-25　LNG タンカー（東京湾）

　LNG の産出・供給には、ガス井（がすせい：天然ガスを噴出する井戸）からのパイプライン、液化プラント、輸出入のための港湾施設の整備、LNG タンカーなど需用者への供給システムが必要となります。わが国のように島国では、天然ガスをガス井からパイプラインで供給することはできませんので、LNG タンカーによる安全な海上輸送を確保しなければなりません。液化天然ガスは、気体の天然ガスを -162 ℃以下に冷却して液体にしています。体積は気体より約 1/600 に容量を縮小できるため、輸送及び貯蔵の容積を小さくできます。ただし、冷却のための特別な施設が必要なことと非常に低い温度での冷却に大きなコストを要することがデメリットとなっています。現在、メタンハイドレートにして輸送する方法を技術開発しており、可能となれば LNG より高い温度で容量を小さくすることができるため輸送及び貯蔵の効率が向上します。

　他方、燃料電池の水素源として、天然ガスの水素を分解して取り出す方法が進められています。しかし、水素を取り出された後の天然ガスの炭素は二酸化

炭素として環境中へ排出されています。この炭素の有効利用について研究開発されることが望まれます。

❷核エネルギー
(a) 核分裂

　原子力発電で利用しているウランは、ウラン235 (^{235}U) という固体の物質で地球における天然ウラン全体の0.72％しかありません。その他（同位体：Isotope）は、ウラン238 (^{238}U) が99.275％でほとんどを占めています。そしてウラン234 (^{234}U) が0.005％とわずかに存在しています。同位体とは、陽子の数（原子番号）が同じで中性子の数が異なる原子のことをいいます。陽子数と中性子数の合計で表される質量数も中性子の数の違いだけ異なります。ウラン235には、陽子が92個、中性子が143個あり、ウラン238には、陽子が92個、中性子が146個あります。放射性同位元素は、放射線を出しながら原子核が崩壊していくもので、自然界で不安定な状態で存在しています。原子爆弾の原料であるプルトニウム239 (^{239}Pu) のようにウラン238に中性子を照射して人工的に作られるものもあります。また、放射性物質は放射線を発しながら核種が常に放射性崩壊を起こしています。存在量の半分が別の核種に変化するまでにかかる時間がそれぞれ異なっており、この時間を半減期といいます。地球が誕生したときから現在までに約46億年が経過していますので、半減期が約7.0億年のウラン235は、$1/2^6$ すなわち64分の1より少ない存在量となっています。対して、ウラン238は半減期が44.7億年と長いため、これまでに存在量が半分程度にしかなっていません。このためウラン238は地球における存在比が著しく高くなっていると考えられます。

　原子力発電所で使用するウラン235は、3～5％に濃縮して使用されています。原子爆弾は、90％以上に濃縮していますので、核反応の大きさが全く異なります。ただし、原子炉に投入されるウランには、約95～97％のウラン238が存在しますので、原子爆弾の原料であるプルトニウム239を生成してしまいます。このため使用済燃料のリスク管理が重要になります。

世界の原子力発電で使用される原子炉の設備容量の約80％は、米国で最初に開発された水蒸気でタービンを回転させる軽水炉（Light Water Reactor：LWR）です。軽水とは通常の水を意味します。軽水炉は2つの発電方式があります。一つは、加圧水型原子炉（Pressurized Water Reactor：PWR）といいます。原子炉内を加圧し、冷却水（原子炉を循環する蒸気：軽水）が高温でも沸騰しないようにし、蒸気発生器（熱交換機）によって別の水の循環系統でタービンを回す蒸気を発生させる方式です。原子炉で発生させた熱で水蒸気をつくり、別系統の水蒸気に熱を伝えるために蒸気発生器（熱交換機）を設置し、伝えられた系統の水蒸気でタービンを回し発電します。したがって、タービンサイドの装置には放射性物質が入り込みません。また、タービンサイドの蒸気を冷却するために設置してある復水器（海水を金属管［チタンなど］に通して蒸気を冷却）にピンホールなど穴が空いても海に放射性物質を含んだ冷却水（温排水）が流れ出ることはありません。もう一つは、沸騰水型原子炉（Boiling Water Reactor：BWR）といいます。原子炉で発生させた蒸気で直接タービンを回す方式で、原子炉、タービン、復水器を同一の冷却系統で循環させています。装置がコンパクトにでき、故障の原因となる部品も少なくできますが、放射線管理区域が広くなります。2011年に事故を起こした福島第一原子力発電所はこの沸騰水型原子炉です。

　この他の原子炉の種類には、カナダで開発された重水（Canadian Deuterium Uranium：CANDU）炉、英国で開発された発展型黒鉛減速ガス冷却炉（Advanced Gas-cooled Reactor：AGR）炉、旧ソビエト連邦で開発された黒鉛減速軽水冷却炉（Reaktory Bolshoi Moshchnosti Kanalynye：RBMK）があります。黒鉛減速軽水冷却炉は、チェルノブイリ原子力発電所で大事故を発生させ、欧州やわが国をはじめ多くの国に放射性物質による被害を発生させました。

　国内の電力事業者で、加圧水型原子炉を採用しているところは、関西電力、四国電力、九州電力です。沸騰水型原子炉で発電を採用しているところは、東京電力、中部電力、東北電力、北陸電力、中国電力、北海道電力です。その他原子力発電を行う会社として日本原子力発電があります。電源開発（J-power）

でも MOX(Mixed Oxide)燃料の使用を主体とした原子力発電を青森県下北郡大間町で計画しています(2012年7月現在[以前に一度中止になっています])。MOX燃料とは、分離・抽出されたプルトニウムと他のウランと混合した混合酸化物燃料のことです。「核拡散防止条約」に基づき原子爆弾の原料となるプルトニウムは高濃度で直接取り扱えないため、一度核反応を起こさない酸化物とします。

　原子力発電所からは処理できない使用済燃料が発生することが問題となっています。この対処として再度核燃料とする方法も次のような検討がされています。英国では、1960〜1970年代にセラフィールド核燃料再処理工場から放射性物質を含む廃液を海洋投棄する事件があり、アイリッシュ海(Irish Sea)を中心に海洋の放射性物質汚染が問題となりました。

1）プルサーマル(Plu-Thermal)

　　プルサーマルの英語である "Plu-Thermal" は、Plutonium Use in Thermal Reactor の造語で、熱中性子を利用した炉でプルトニウムを使用することです。MOX燃料を通常の原子炉で使用する方法で通常の原子力発電においても、原子炉内で生成したプルトニウムが既に核反応(核分裂)していますので、全く新たな反応を発生させている訳ではありません。ただし、繰り返し使用することにより、サマリウムなど原子炉を臨界状態にする際の妨害となる物質も生成します。フランス、ドイツなどヨーロッパの複数の国で既に実施されています。当初は、核拡散防止条約の規制によって余剰になった原子爆弾に含まれているプルトニウムを処理するために進められたものです。わが国のプルサーマルによる商業炉による発電は、2009年に最初に九州電力玄海原子力発電所で実施され、2010年から四国電力の伊方原子力発電所、東京電力福島第一原子力発電所3号基(東日本大震災で被災し現在は廃炉になっています)と次々と導入されました。

2）高速増殖炉(Fast Breeder Reactor：FBR)

　　プルトニウムに高速の中性子を衝突させ、中性子の速度を維持し安定

した核分裂が行われる現象を利用した核反応を行っています。わが国では、これまでに原子力発電所から発生し貯蔵されている使用済燃料を利用して理論的には7000年間（実際にはロスなどにより約2000年程度）の電力供給が可能になるとされています。この研究開発は、米国が最も早くにはじめ、英国、フランス、ドイツ、旧ソ連、日本、中国も次々と着手しましたが、事故などが発生したため、ほとんどは中断してしまいました。フランスでは、1986年に高速増殖炉の実証炉であるスーパーフェニックス（Superphénix：SPX）を稼働させましたが、事故が続いたため1989年に廃炉としました。わが国（文部科学省）では、茨城県大洗町に建設された実験炉「常陽」が1977年に臨界状態に達しました。その後、1985年に福井県敦賀市に原型炉「もんじゅ」（ナトリウム冷却高速中性子型増殖炉）の研究開発が始まり、1994年に臨界状態に達し、1995年に発電を行いました。しかし1995年に冷却剤(熱媒体)として使用しているナトリウムが漏れ、建屋内で火災が発生しました。この事故については、米国原子力規制委員会（NRC）や欧州各国では行われている確率論的安全評価（または確率論的リスク評価）[Probabilistic Safety Assessment：PSA、Probabilistic Risk Assessment；PRA]を行い、客観的なリスク評価を行っています。

わが国はオイルショック以降、原子力発電を積極的に推進してきました。当初商業発電を行う際の協力体制も決められ、沸騰水型軽水炉は、東京電力が発送電し、日立製作所・東芝が建造し、東京大学が協力することとなりました。加圧水型軽水炉は、関西電力が発送電し、三菱重工業が建造し、京都大学が協力することとなっていました。原子力発電は巨大なエネルギーを得ることができるため、政府は「人口密度が高く膨大なエネルギーを必要としているわが国にとっては重要な電源である。」との考え方に基づいて、わが国の基幹電源とするエネルギー政策を進め、2010年には原子力立国といった表現まで作られました。

福島第一原子力発電所の事故は、2011年3月11日に発生した東日本大震災によって発生した地震及び津波（14～15メートルの高さがあったといわれてい

ます）による装置の破損が原因となり発生しました。二次電源が得られなかったため、装置が止められても冷却はできませんでした。そしてメルトダウン（meltdown：炉心溶融）、メルトスルー（meltthrough）を起こし、さらに水素と推定される化学物質の爆発で原子炉内の放射性物質が環境中に放出され、莫大な環境汚染・破壊が発生してしまいました。いわゆる原子炉外の自然現象による事象（外部事象）が原因で想定していなかった事故であるといわれています。電力事業者、監督官庁の経済産業省、内閣府に設置されている原子力安全委員会の対処が混乱し、一般市民にはリスクの状況が十分に伝わっていませんでした。リスクコミュニケーションが不十分であったことが最も大きな失敗です。

なお、メルトダウンとは、核燃料収納被覆管の溶融によって核燃料が原子炉圧力容器の底の部分に落ちる事態のことで、メルトスルーとは、溶融燃料が圧力容器、原子炉格納容器を熱で溶解させ外に漏れ出ることです。

この福島第一原子力発電所の事故を受けて、EUで実施していたストレステスト（stress test）を、その後わが国でも導入しました。このテストでは、福島原発事故を想定外のものと仮定し、これまで以上の厳しい条件のもとで設備、部品、ソフトウェアなどに負荷をかけて耐久性や動作が正常に働くか否か点検されました。しかし、どのようなリスクが存在するのかを調査したのではないため、リスクに関しての解析を行った訳ではありません。経済的なストレステストでは、国家や金融機関が悪化した経営状態を想定し、GDPの状態など経済的な健全性を点検することが行われます。生物機能に関しては、農作物など降水量、気温、日照量など一定の条件での状態が調査されます。これら調査で得られた情報に基づいて、シミュレーションを行いリスクが分析されています。

これまでにも政府の原子力事業に関しては、動力炉・核燃料開発事業団（現 日本原子力研究開発機構（2005年10月、旧日本原子力研究所と統合））の研究開発や電力会社電子力発電所での事故・トラブルなどの情報隠しなどで社会的な批判に対応するために関連法人組織のマイナーチェンジや現場における情報公開方法の改善が行われてきました。しかし、あまり効果が現れているとは考えにくい状況です。

原子力施設の災害時には、「原子力災害特別措置法」、「原子力損害の賠償に関する法律」の規制によって対処が行われます。福島第一原子力発電所事故のように放射性廃棄物が農作物、畜産物、水産物の汚染に関わるような被害が発生した場合は、「原子力災害対策特別措置法」に基づき厚生労働省の食品安全委員会によって検討が行われ、「食品衛生法」(第6条) に基づいて出荷制限、摂取制限が発せられます。この事故の影響で発せられた出荷・摂取制限では、野菜類 (ホウレンソウ、コマツナ、カキナ、キャベツ、ブロッコリー、カリフワラー、パセリ、セルリー、カブ、原木しいたけ、たけのこなど)、水産物 (イカナゴ、ヤマメ、ウグイ、アユ)、原乳、その他 (茶) などがあります。水産物に関しては、河川の魚のみが規制制限となっており、海産物に関しては指定されていません。しかし、放射性物質に曝される可能性が高い海底に生息する生物や海草類などは、定期的に測定する必要があると思われます。

図表 1-26 原子力発電所 (沸騰水型原子炉)

わが国の原子力発電所軽水炉で発生するFP（核分裂生成物質）は、5つの防壁で封じ込められており、その5つの防護壁とは、①燃料部ペレット、②燃料被覆管（燃料棒）、③原子炉圧力容器、④原子炉格納容器、⑤原子炉建屋です。

　緊急事態など原子炉が緊急停止したときや何らかの理由（配管の破損など）で原子炉内の冷却材（水）が減少した際には、ECCS（Emergency Core Cooling System：非常用炉心冷却装置）という安全装置が作動します。炉心の溶融や燃料棒の崩壊熱による破損などを防ぐために、大量の水を送って冷却する機能を持っています。

　一方、再処理した後残った約5％の「高レベル放射性廃棄物」は、ガラスに封じ込め「ガラス固化体」（ガラス［ケイ素化合物］は化学的に安定しています）として、キャニスタと呼ばれるステンレス製の容器に入れられ運搬され、中間処理施設で貯蔵・冷却されます。しかし、最終処分のめどが立っていません。わが国の大強度陽子加速器で長寿命核種に中性子を照射して寿命を短くする技術開発が行われています。研究が成功すれば、高レベル放射性廃棄物の管理期間を理論的には500～1000年程度に短縮することが可能になります。この研究が実用化すれば、原子力発電における大きなリスクの一つに対して対策が立てられます。

（b）核融合

　太陽の莫大なエネルギーは、水素の核融合反応でヘリウムに変化される際に発生しています。水素爆弾はこの反応を利用したもので、原子爆弾よりも大きなエネルギーを発します。

　原子力の平和利用を進めるために、原子力発電とは別に、ジュウテリウム（deuterium：重水素）とトリチウム（tritium：三重水素）の核融合を用いた発電が研究開発されています。コントロールが極めて難しく未だ実用化・普及には

至っていませんが、ウランを用いる原子炉に比べ、多くの種類の放射性物質が大量に放出する可能性は低くできると考えられます。生成する化学物質はヘリウムであるので、使用済燃料が高レベル放射性廃棄物になることはありません。しかし、核反応時に強い放射線が放射されますので安全対策は不可欠です。また、周辺機器、部品などは励起しますので、低レベル放射性廃棄物は発生します。

　わが国では、岐阜県土岐市にある自然科学研究機構核融合科学研究所で、約1億℃の超高温に達する、高密度、超高真空の核融合プラズマについての研究が行われています。なお、日本の独自の技術で開発された新型転換炉（Advanced Thermal Reactor：ATR）「ふげん」（出力16.5万kW）は、燃料にプルトニウム・ウラン混合酸化物とウラン酸化物を使用し、冷却材に軽水を用い1978年に臨界状態に達し発電可能となりましたが、減速材（moderator：原子炉中で核反応を制御するもので、高速中性子を減速させ、中性子が燃料物質に吸収されやすくする）に重水を利用していたため、トリチウムが生成され、これが障害となって制御困難となりました。この失敗を分析し開発が進められることが望まれます。

　別途、日本、ロシア、米国、EU、中国、韓国が協力して国際熱核融合実験炉も開発されています。リスク対策を踏まえた今後の研究開発が期待されます。

（3）食のエネルギー

❶高付加価値化した食卓

（a）拡大するエコロジカルフットプリント

　一人当たりの食事に供給される農作物・畜産物は生産されるための過程が異なります。近年の畜産業では、農地で作られた穀物で飼料を作っています。この飼料を牛や豚などに食べさせて飼育させています。反芻動物は牧草を食べるのが自然ですが、家畜として飼育される牛などは効率的に成長させるために農作物（トウモロコシ、ソルガム［モロコシ：主要な栽培作物］など）を餌としています。したがって、食品となる肉類を生産するために、多くの農作物が消費され、多くの耕地が使われているということになります。穀物をそのまま食す

れば、肉類を食するよりも使われている農地はかなり少ないということになります。この食事に要する農地の面積をエコロジカルフットプリントといいます。耕地を使用する面積で人の大きさが変わることをイメージして、人の足跡で表現されています。多くの耕地を使った食品を食べている人は大きな人ということになります。これは大量の食事をするという意味だけでなく、食する食材の違いでも使用している耕地の面積が大きく異なることを示しています。

　スパーマーケットで販売されている多くの食品は、それぞれにエコロジカルフットプリントが違います。必ずしも価格と比例しているとは限りません。貿易が盛んになったことで国内の農業にかかるコストのみでは量れなくなってきたからです。レストランに関しては、その傾向が顕著に現れています。1980年代までは牛丼など肉料理は高価なものでしたが、1990年後半頃からは非常に安価になり、全国チェーン店が複数でき大量に食するようになりました。すなわち、わが国におけるエコロジカルフットプリントは拡大したことになります。世界の多くの農地を日本人が使っていることになります。ただし、これは世界で経済的に優位に立っている場合に起こる現象ですから将来はわかりません。めざましい経済発展を遂げた中国は、肉類の消費が急激に増加しました。同時にエコロジカルフットプリントが莫大に増加しました。あまりにも急激に増加したため2010年前後から肉類の食品加工業者の衛生面で管理不足などの問題も多発しました。米国など先進国の飼料メーカーは、穀物で作り成長に必要なビタミンなどを配合した飼料を中国へ大量に輸出しています。経済発展した国では、同様な傾向が続いています。

　経済発展し食品が豊富になると、次に発生するのは食品廃棄物の発生です。食品価格が安価になると、エンゲル係数（家計に占める食費の割合）が低くなり、気軽に食品を廃棄してしまいます。これもエコロジカルフットプリントを大きくする原因となります。この問題は、一般廃棄物（生ゴミ）の増大という環境負荷も増大させます。多くの農地で栽培された農作物が無駄になっていることになります。環境対策として「食品循環資源の再生利用等の促進に関する法律」（通称、食品リサイクル法）が施行され、リサイクルが行われ、廃棄食品から大量

の有機肥料などが作られています。この法律は、贅沢対策法とも考えられます。

　世界における農作物の生産量は増加していますが、その消費は経済発展した国に集中しています。廃棄食品が環境汚染問題になっている国もあれば、飢餓で苦しんでいる国も存在しており、国際的な食品消費はバランスを失っています。また世界的に見れば、人口は急激に増加しており、食糧不足になるおそれが1950年代から問題視されています。農作物の増産のために、穀物の二毛作、三毛作が行われ、化学肥料、農薬、機械化を使った近代農業が「みどりの革命」などで広がり、単位面積当たりの収穫量を増加させています。他方、牛の飼育も経営管理に基づき工業的な効率良い方法に変化してきています。特に肉牛は直接食料となりなすから、生産管理はドライに行われます。放牧される牛は非常に少なくなりました。

図表1-27　飼育されている牛

　和牛は以前は農耕、運搬に使われてきましたが、明治時代以降肉牛が増加し、現在はほとんどが肉牛用です。各地に脂肪が多い霜降り肉がブランド牛として飼育されています。餌は、米国などから輸入されたトウモロコ

シなどで作られた飼料を多く使用しています。海外におけるエコロジカルフットプリントが大きいといえます。国内の食料自給率の算出の際には、輸入に関してはカロリー及び金額が差し引かれます。

　また、放牧により草を食べ反芻を行っている牛は、胃でメタン発酵を行っていますので、げっぷの際にメタンが大気中に放出されます。メタンは、温室効果係数（二酸化炭素の温室効果を1として表した数値）が22であるため、地球温暖化原因物質として問題になっています。なお、京都議定書の際には、メタンの温室効果係数は21でしたが、その後IPCCによって換算値が変更されました。

　離乳後、肉用の子牛は飼養場で機械的に成長していきます。以前は放牧で草を食べさせ自然に飼育していた牛は、現在は狭い区画の中で複数のビタミン剤、ホルモン剤、栄養補助食品（タンパク質、脂肪）が含有された穀物を食べて短期間で成長させられています。以前は、数年で成牛になったものが2～3年で成牛となり屠殺（とさつ）されます。早く出荷されるものは十数ヵ月です。フランス料理などで柔らかい食感などが好まれ食材として使われる仔牛（calf）は1年以内に屠殺されてしまいます。牛の寿命は人が決め、効率的な肉牛生産のために短命になっています。しかし、実験動物に対する非難や鯨など野生哺乳類を捕獲することに反対している動物愛護者や団体は、この残酷な食品生産にあまり注目していません。減少が続いているマグロは養殖ができるようになったから問題解決、鯨も養殖すれば問題解決できるといった意見もあります。自然における生物多様性保護の面から見れば保全になると思われますが、一種類の生物を大量に生産する場合、伝染病などで多くが死滅してしまう可能性があります。

　生物が養殖によって生息することは、自然から見れば不自然を作り出していることですから、感染性細菌（病原体）に対する抗菌薬として抗生物質を投与するなど新たな対策が必要になります。狭いところに閉じ込めれば、病害に対する管理も厳重にできます。牛の飼料となるトウモロコシその他農作物も、栽

培されているときは農薬によって守られています。ハウス栽培は、人によるより細かな工業的な管理がなされています。養鶏、養豚も同様です。

　養殖、農作物は、工業的に生産されることによって生産性が格段に上がり、同時に不自然を作り出しています。これによって莫大な数の人（特に経済成長している国の人）の食の需要を満たす食料供給を可能にしています。エコロジカルフットプリントは、技術開発によって同じ土地の面積でも生産性が著しく向上したため、見かけ上大きく見えなくなりましたが、1950年代の単位面積当たりの生産量を面積に置き換えれば、実際にはかなり膨れあがっています。この科学技術に基づいた工業的な生産性向上が自然と共存していけるか、どのくらい自然を破壊しているのか検討していく必要があります。

（b）行き過ぎたサービス

　高級食材の種類は変化しています。生態系は自然の食物連鎖の中で個体数が決められますので自然の変化、または人為的な理由で減少または増加する可能性があります。人的な理由の一つには、人口の増加または食品として注目が集まり乱獲されてしまったことがあげられます。また、人による環境破壊・汚染、または破壊されて直接生態系が変化することもあります。人による環境汚染によるものは、鉱山採掘・製錬場、工場・研究所、交通などから有害物質が排出されることによって世界各地域で発生し、現在も被害が起きています。また、地球規模で発生するものとしては、オゾン層が破壊されたことによる紫外線の増加で特定の生物に影響が生じたり、人為的に排出された大気汚染物質（炭化水素や窒素酸化物など）と反応し発生した光化学オキシダント（photochemical oxidant）によって（酸化し）環境を変化させる事態が起きています。さらに地球温暖化による生態系の変化（気温の変化、天敵の増加・減少）、海洋の酸性化（二酸化炭素の海洋への溶解）、または気候の変化（干ばつ、降雨の変化）などがあげられます。

　1975年に発効した「絶滅のおそれのある野生動植物の種の国際取引に関す

る条約(Convention on International Trade in Endangered Species of Wild Fauna and Flora)：通称 ワシントン条約(Washington Convention)、略称 CITES(サイテス)」(1973年採択)では、希少動植物の国際取引を規制しましたが、手に入りづらくなったことでこれら生物の価値が上がってしまいました。このような状況から、密猟者が却って増加してしまいました。したがって自然生物の価値が上がると、採取する者も増え絶滅を早めてしまいます。

　例えば、マグロは、中国をはじめ食する国が増え、需要が急激に増加しました。マグロの種類によっては、高級食材になってしまいました。この他、はたはた、いわしも1960年代に比べ、価値が急激に上がりました。供給源が絶滅した場合、別の場所で採取を行い、需要を満たそうとします。ウニは、需要が増加し消費されたことから、国内での採取があまりできなくなりました。そして韓国、米国(サンフランシスコ)など供給先を変えていきました。甘エビ、かに、松茸、うなぎなど価値が高い食物は、海外の生息地から採取され輸入されてきます。マグロ、サンマなど回遊魚は、そもそも生息地や生息のメカニズムもよくわかっていませんので、無計画な漁は予想外の生態系破壊に繋がります。自然に生息する鳥獣の猟も同じです。

　養殖も管理に失敗し、供給量が減少すると急激に価格が上昇します。えびも高級な海生生物ですが、海外で大量養殖が行われ、日本に供給されています。しかし、インドネシアなどでマングローブ(mangrove)の伐採が環境破壊として問題となりました。さらに、また養殖場で病原菌が繁殖し著しい損害が発生し日本のエビの価格が急激に上昇しました。食料を供給するために、生態系に関する自然資本(natural capital)を大量に消費すると、予想外の事態が発生する可能性が高いと思われます。また、養殖の場合、前述の牛の飼育と同様に病原菌による被害防止のために大量の抗生物質が投与され、成長を促進するためにさまざまな栄養物質が餌として与えられています。いわゆる、人の好みの味にするために改良が加えられています。養殖で生体を操作された生物の体内には、人がこれまでに食べていたものと異なる成分になっている可能性が高いと考えられます。したがって、人は、これまでに経験したことがない栄養素また

は化学物質を大量に食することになります。

　一方、穀物をはじめ農作物も同じように自然に逆らった生産が行われています。自然に逆らうことで付加価値がつき経済面で安定した経営が実現します。地球温暖化原因物質の環境中への放出など環境に見えない（または長期間経過後顕在化する）負荷を与えていても環境コストを支払うことがありませんので、実際の価格はもっと高額であるはずです。

　世界のブランド品になった寒い国オランダのトマトは、温室栽培で作られています。エルンスト・U・フォン・ワイツゼッカー、エイモリー・B・ロビンス、L・ハンター・ロビンスの共著『ファクター4』（省エネルギーセンター、1998年）112頁には、「オランダのトマト栽培に要するエネルギーの79％は温室の暖房、18％は保存食品加工に費やされ、トマトが持つエネルギー（カロリー）の100倍のエネルギーが生産に使われている」ことが述べられています。近年では、日本でもオランダのトマトがブランド品として販売されています。

　スーパーマーケットには季節に関係なく、きゅうり、いちご、きのこなど野菜、果物が揃っています。多くのエネルギーを使い遠く海外から船に乗ってやってくるものもあります。新鮮な食材を提供するために、飛行機で運ばれてくるものもあります。人の食への欲求に応じて食品が世界を駆け回っています。また冷凍倉庫の超冷温で冷凍保存し販売時に出荷するものもあります。日本の食卓には季節感を喪失させた食材が並び、まったく普通に食事を楽しんでいます。子供の頃からこのような生活に慣れ親しんだ人は、農作物が自然の中で収穫できる季節をよくわかっていない場合もあります。

　ハウス栽培が主流のいちごは、季節に関係なく1年中販売されています。露地栽培（5〜6月頃）、水耕栽培されているものもあります。多くの品種改良が行われ、国内だけでも複数のブランドがあります。特に都市周辺での栽培が多く、消費地に近い距離で行われておりフードマイレージは比較

的低いと思われます。しかし、クリスマスケーキなどイベント用の商品として冬期～春期に出荷する量が多く、成長に適温の20℃程度に加温するために消費される灯油などエネルギー量は大きいと考えられます。夏期から秋期は、収穫量はかなり少なくなりますが、遮光で栽培も行われることから消費エネルギーは少なくなります。したがって、いちごは、自然に収穫する時期より不自然を作り出す栽培時期の方がたくさん出荷されており、食されるまでに使われるエネルギーが食品としてのカロリーよりかなり大きい食品といえます。化石燃料などエネルギー価格がいちご価格を左右しているともいえます。

図表1-28　ハウス栽培のいちご

　これら食品は、人が食して体内で得られるエネルギーよりも、温室などの栽培、輸送のための費やされるエネルギーの方が圧倒的に大きいといえます。わ

れわれは一回の食事でどれだけのエネルギーを消費しているのでしょうか。食べ残しでどれだけのエネルギーを捨てているのでしょうか。計り知れないものがあります。食品は、エネルギーで作られています。したがって、場合によっては、食品コストはエネルギーコストがほとんど、というものもしばしばあります。エネルギーコストが高騰すれば、季節外れの食材、世界各地から運ばれてくる食材は、そのまま食品の値段を直撃します。そのときやっとわれわれは、エネルギーを食べていたことに気づきます。

　食料が供給地から需要地まで移動するエネルギー消費の指標の基本概念として、1994年に英国ロンドン市立大学ティム・ラングが「食料重量×距離」（単位例：トン・キロメートル）を「フードマイル（food miles）」として示しました。その後、わが国の農林水産省農林水産政策研究所によって「フードマイレージ」（Food Mileage）といった言葉で提唱されました。例えば、納豆は日本の発酵食品として地産地消で消費されてきましたが、原料の大豆は現在ほとんど米国やカナダなど海外から輸入されています。したがって、数千キロも旅してきています。すなわちフードマイレージは非常に大きいということになります。梅干しが入ったのりで巻いたおにぎりの方が、フードマイレージが少なく環境負荷も減少できるということになります。

　また、日本のカロリーベースの2013年度の食料自給率は39％で、生産額ベース食料自給率は65％です。多くの食料が海外から輸入されていることがわかります。わが国全体の食料に関してフードマイレージは極めて大きいと考えられます。自給率が向上すればフードマイレージの減少が期待できます。なお、食料自給率の考え方及び2013年度の自給率の計算式は、下記に示すとおりです。

食糧自給率

　食料自給率　＝　国内生産／国内消費仕向
　　　　　　　＝　国内生産／（国内生産＋輸入－輸出±在庫の増減）

カロリーベース食料自給率（2013年度）

= 1人1日当たり国産供給熱量 (939kcal) / 1人1日当たり供給熱量 (2,424kcal)
= 39％

生産額ベース食料自給率 (2013年度)
= 食料の国内生産額 (9.9兆円) / 食料の国内消費仕向額 (15.1兆円)
= 65％

引用：農林水産省資料『平成25年度食料自給率をめぐる事情（平成26年8月）』
　　（2014年）3頁

　食品の安全性に関しては、「食品衛生法」によって管理されています。食品関連業界では、より高い安全性を求めて3分の1ルールを実施しています。このルールは、「小売店などが設定するメーカーからの納品期限及び店頭での販売期限は、製造日から賞味期限までの期間を概ね3等分して商慣習として設定される場合が多い（製造から納品期限、納品から販売期限、販売期限から賞味期限の3等分）」（引用：農林水産省食料産業局バイオマス循環資源課、食品産業環境対策室　資料『食品ロス削減に向けて～「もったいない」を取り戻そう！～平成25年9月』（2013年）7頁）というもので食品廃棄物が多い原因となっています。農林水産省では、食品ロス発生の一つの要因として、フードチェーン全体で納品期限を2分の1にするなどの取り組みが必要との考えを示し、関連業界に協力を呼びかけています。

　また、レストランやホテル、旅館において、注文形式ではなく食べ放題（ビュッフェ方式のものが多い）で食事を行う方が食品ロスが減少するため、仕入れコスト削減の面からも実施するところが増えています。廃棄物の削減は、環境コスト（廃棄物処理コスト）の削減にもなり、環境負荷削減を図ることにもなります。

（c）水の利用
　地球には、約14億km^3の水があると試算されています。その約97.5％が海水などで、淡水は約2.5％です。地球にあるほとんどの水が塩分を含んでいる

水ということになります。また、淡水は、南・北極地域などの氷や氷河に大部分が存在しており、地下水、河川、湖沼に絞ると0.8％となり、人が使うことが可能な河川、湖沼には地球全体の0.01％とわずかな量となってしまい、容量では、約0.001億km^{3}です。年間の降水総量は、約57.7万km^{3}あり、陸上には11.9km^{3}が降っています。この水が陸上での農作物をはじめ植物の光合成の反応物となり、バイオマスの生成が行われています。動物の飲料水となり、水力エネルギーも与えます。蒸発散は、約7.4万km^3、表流水には、約4.3万km^3、地下水へは、0.2km^{3}となっています（数値引用：国土交通省 水管理・国土保全局 水資源部『日本の水資源 平成26年8月』（2014年）56頁）。

　陸上の生物は、オゾン層が形成された約4〜5億年前までは、有害な紫外線が地上に注いでいたため海中で生息していましたが、現在は塩分を含む海水を飲み水として生活することはできません。上記のデータで示すように淡水は限られた量しかありませんので、汚染水の浄化や海水の淡水に変換する技術は重要です。さらに、水質汚濁や、水の無駄遣いは防止しなければなりません。

　人為的な淡水の自然の循環を変化させている原因としては、生活やさまざまな（食品、金属、電子機器など）工業、農業などで地下水を莫大に汲み上げ、河川におけるダムの建設、用水、水道などがあげられます。地下水は、温度変化がないため冬に温かく、夏は比較的冷たいため、アクティブタイプの環境建築にもエネルギー源として使用されています。雪の融雪水としても大量に使用されています。このため、地盤沈下は、1960年代の7大公害の一つにあげられ、近年では地球温暖化による気候変動で世界各地の水循環が不規則になり、干ばつ、洪水が発生し、農業、生活に深刻な被害を与えています。また、国内外でも水紛争が発生しており、ダムで広大な生態系が消滅し、用水利用の拡大で枯渇の危機が発生した湖沼などで自然に生息する複数の生物が絶滅の危機に瀕しています。

　また、世界には安全な飲料水が飲めない人々が未だに多く存在しています。国際連合では1990年代に開催された主要な国際会議やサミットで議論された国際開発目標を統合して一つの共通の枠組みとして2000年9月に「国連ミレ

ニアム宣言 (United Nations Millennium Declaration)」を採択しました。この宣言は、米国・ニューヨークで147の国家首脳を含む189の加盟国代表が出席して議論されたものです。宣言では、8項目のミレニアム開発目標(Millennium Development Goals：MDGs)が示され、目標7に「環境の持続可能性確保-安全な飲料水と衛生施設を利用できない人口の割合を半減させる」(引用：外務省ホームページ、国際協力政府開発援助ODAホームページ　アドレス：http：//www.mofa.go.jp/mofaj/gaiko/oda/doukou/mdgs/about.html#goals〔2014年2月〕参照)が示されています。その後世界各国でさまざまに対策が取り組まれています。2014年5月に発表されたユニセフ(United Nations Children's Fund：UNICEF〔1953年に正式名称は改正されたが略称は以前のまま使用されています〕)、世界保健機関(World Health Organization：WHO)、共同監査プログラム年次報告書『衛生施設と飲料水の前進：2014』(2014年)では、「2012年末までに、世界の人口の89％が改善された水源を利用できるようになり、22年間で13％増加し、人数にすると23億人が利用可能になったこと(23億人のうち16億人は家庭で水道が利用できるようになった)」、「改善された水源が利用できない人は、7億4,800万人(43％がサハラ以南のアフリカ、47％がアジア)で、82％が農村部に暮らしていること」が示され、国際的に安全な水に対するアクセスが向上していることが把握されました。

　水の消費の指標として、エコロジカルフットプリントを応用してウォーターフットプリント(Water Footprint：WF)という考え方も普及しています。2002年にトウェンテ大学のフックストラ(A. Y. Hoekstra)らが提唱した概念で「特定の国の人々が消費する財やサービスの生産に使われた水の総体積で定義される」と示されており、当初は国レベルでの水の消費に注目していたものです。何らかのものを作る際やサービスを実施する際にどの程度水が使われているかを総合的に検討しなければなりません。したがって、エコロジカルウォータープリントでは、消費された水についてLCA(Life Cycle Assessment)の視点から調べなければなりません。食品、農作物に関しては消

費量が多いことが予想されます。

　産業界でもウォーターフットプリントについての検討も行っています。自社内で使用する水、供給される水、サプライチェーンで使われた水の消費量と汚染した水量までを管理範囲に含めています。具体的なガイドラインとしては、ISO（International Organization for Standardization：国際標準化機構）が示しています。ISO 14046 で「環境マネジメント―ウォーターフットプリント―原理、要求事項及び指針」を規格化しています。ISO14040 で「環境マネジメント―ライフサイクルアセスメント―原則及び枠組み」を定めていることから ISO 14046 と総合的に対処されていくと考えられます。例えば、シェールガスを利用する場合、シェールガス層に大量の水を高圧力で送り込み、さらにシェールガス層にある有害物質が周辺の地下水を汚染してしまうことから、シェールガスのウォーターフットプリントは極めて多い数値となると考えられます。

　この他、ウォーターフットプリントと関連性が高い考え方に、1990 年代前半にロンドン大学のアンソニー・アラン（Anthony Allan）が提唱した「仮想水（virtual water：VW）」という概念があります。仮想水とは、「財やサービスの生産に必要な水の量」というウォーターフットプリントとほぼ同様な考え方ですが、「輸入された製品生産のために国外で使用された水の量、または、輸入農作物を消費国で生産した場合必要になる水の量」と海外から持ち込まれた水に関しても具体的に言及しています。わが国をはじめ先進国へは、数多くのくだものや野菜類、あるいは砂糖やコーヒー豆が輸入されてきますが、これらは海外で莫大な水を消費しています。したがって、仮想水は極めて多いことが推定できます。

　ウォーターフットプリントをゼロにすることを「ウォーター・ニュートラル（Water Neutral）」ともいわれます。取水及び取水した水の汚染をゼロにして水源に戻し自然環境に影響を全く与えないということは、実質的にはほとんど不可能です。排出されたものは自然浄化の力を借りて元の自然の状態に戻ります。ただし、自然浄化の能力を超えている場合は環境汚染または破壊になってしまいます。カーボンニュートラルのようにシステムが明確な考え方と

は異なっています。地熱発電で汲み上げられた水蒸気と熱水を冷却した後、還元井に戻している場合は、ウォーターニュートラルを目的にしているといえます。国連大学が1994年に提唱したゼロエミッション（zero emission）に近い考え方です。産業活動で、廃棄物、排出物などゼロにすることは実際には不可能であり、目標と考える方が現実的です。以前は、CSR（Corporate Social Responsibility：企業の社会的責任）活動としてゼロエミッションを掲げていた企業や業界もありましたが、環境団体などからのクレームがあり、あまり前面に出さなくなってきています。ウォーターフットプリントは、一つの概念での目標としていくことが合理的であると考えられます。

　例えば農作物のウォーターフットプリントを小さくする方法としては、点滴灌漑で植物に散水した水の大気中への揮発を最小限にすることなどがあげられます。点滴灌漑は、並んで植えられた植物の根の部分へ配水管やチューブをひき、植物が生えているところに穴を開け、水を与えるものです。植物の一本毎に根が張る大きさの鉢を埋めて土壌での水が拡散しないようにする方法もあります。いずれも大気または土壌へ無駄な水が拡散されることを防ぎ最小限の水の消費を行おうとしています。また、上水道とは別に中水道を各家庭などに配管し、高い清浄度が求められる飲料水以外の自動車洗浄などには、あまり人工的な処理を行わない中水道を使うというものもあります。水処理で行われる化学的な処理を減らすことによって、処理エネルギーを減少させ、残渣や塩素など処理剤も減らせる効果もあります。ただし、中水道設置には莫大な資源と工事が必要であり、巨大なコストが必要なため、わが国ではほとんど実現していません。

❷農業技術

（a）近代農業

　水田のようにもともとは原野や原生林だったところに、単一の植物が生い茂ることは自然にはありえません。それまでの自然から見れば、全く不自然な環境です。水田や畑では、人間が必要な単一の種類の植物のみが栽培されます。これらを餌とする微生物や野生生物いわゆる人から見れば害虫や害獣は、この

ような単一な植物が生い茂る場所は魅力的なレストランです。トウモロコシ、米、小麦、大麦、ソルガム（熱帯、亜熱帯で栽培されている穀物）、ジャガイモ、キャッサバ（熱帯で栽培されタピオカの原料にもなります）、さつまいも、及びサトウキビ、テンサイ、バナナは、人間によって管理され、地球上で急激に繁殖した植物です。ある意味人と共生して繁栄している生物です。

　人が自然を利用し人工的に食物を作り出したときから、人と自然または生態系との闘いが始まっています。この闘いは現在も続けられており、農薬・殺虫剤や除草剤及び化学肥料など、人工的に作られた自然には存在しない化学物質が、敵を殺すため、また人に選ばれた生物をより良く成長させるために、次々と開発されています。そして、世界のあちこちに撒かれています。昔は、害虫などの大繁殖をおそれ農地で栽培する作物は数年ごとに種類を変えていましたが、現在は農薬の力で害虫を排除し同じ作物を植え続けています。ガーデニング、街路樹、庭園などにもこれら薬剤は欠かせません。人によっては、町にある街路樹を見て自然を楽しんでいる人もいます。人が管理している自然は脆く壊れやすいものです。自然に発生するたまに台風が来るだけで、人工的に作った街路樹などは壊されてしまいます。

　レイチェル・カーソンの著書『沈黙の春』（1962年）では、この人工的な化学物質によって生態系が破壊されていることを警告しています。その後、1979年には、ジェームズ・ラブロックは「ガイア」の概念を提唱し、「生命とはそれ自身で保持する環境」と述べ、その繊細なシステムの破壊を懸念しています。「ガイア」とは、ギリシア神話の女神で、大地の象徴として地母神（大地の母で、肥沃、豊穣をもたらす神で、豊かな大地を抽象的な存在を具体的なものとして表したもの）とされているものです。インドネシア政府は、殺虫剤の散布に関して多額の補助金を支払ったため、殺虫剤の大量使用をまねき、深刻な環境汚染が発生してしまいました。この反省から1986年より多くの殺虫剤を使用禁止とし、総合的害虫管理を行う政策を行っています。ボルネオ島では、強力な殺虫剤DDT（Dichloro-dipheny-ltrichloroethane）を大量に散布したため、食物連鎖が崩れ、猫が激減したためネズミが大量に発生したこともあります。ネズ

ミは発疹チフス、ペストを発生させるおそれがあります。その予防のために猫を多量に島に投入したこともあります。

その後、1996 年にはシーア・コルボーンらによって出版された『奪われし未来』(翔泳社、1997 年)では、人工的に作られ環境中に放出された化学物質の環境ホルモン(内分泌撹乱物質)が、食物濃縮(生物濃縮)によって高濃度になり、魚類など食物に含まれるリスクを訴えています。環境ホルモンとは、環境省の見解(2003 年)では、「内分泌系(ホルモンを分泌する器官のこと)に影響を及ぼすことにより、生体に障害や有害な影響を引き起こす外因性の化学物質」と定められています。環境ホルモンといわれるのは、米国環境保護庁(Environmental Protection Agency)が研究した報告書に "environment hormone" と示されており、そのまま直訳した結果の名称です。

一方、有害物質は、人の目で確認することができないため、知らぬ間に生態系が変化し、知らぬ間に食品に入り込み人体に入り込んできます。人は気づかないまま健康が害され、正常な生活ができなくなってしまいます。これは不自然な状況としか考えられません。福島第一原子力発電所の事故では、大量の放射性物質が環境中に放出され、環境中での挙動が明確にわからないため、採取された多くの農作物の放射線量の検査を行っています。一般公衆には、リスクの大きさについて感覚的にわかりませんので、有害性があるかないかで判断してしまいます。いわゆるリスクがあるかないかだけで評価してしまいます。どのくらいの量でそのような影響が発生するかは理解が困難です。食品は毎日食べるものですから特に心配になります。リスクがわからないものは、最も高い注意を持つことが重要です。しかし、このようにリスクの性質自体がよくわからないものは、行き過ぎた注意を払い風評被害も引き起こしてしまいます。これまで農作物に関してあたりまえに供給されるものといった安心感がありますので、生産者と消費者のリスクコミュニケーションが不足していたと考えられます。

科学技術は、常に研究開発が行われており、時には生活環境を一変させます。ドイツ人のフリッツ・ハーバー(Fritz Haber)とカール・ボッシュ(Carl

Bosch)が1906年に共同開発したハーバーボッシュ法(Haber–Bosch process)は、化学肥料の生産を急激に発展させました。空気の約8割を占める窒素を液体・固体に変えることができるようになり、大量の窒素肥料が作られるようになりました($N_2 + 3H_2 \rightarrow 2NH_3$[触媒：鉄])。この窒素は、火薬にも使われ、フリッツ・ハーバーは、第一次世界大戦時に塩素化合物など毒ガス開発を主導していました。科学技術は諸刃の剣のような存在です。また、近年の農業では農地への窒素分の大量の投入によって硝酸性窒素が増加し、農業ができなくなるような深刻な環境汚染も起こしています。

他方、農業技術が国際的に普及したため、人件費が高い先進国の農業はコスト面で途上国からの輸入品に競争力がなくなってしまいました。ただし、途上国で農業のプランテーションを経営しているのは先進国の食品メーカーであることがしばしばありますので、最も劣勢に立たされているのは先進国の小規模農家といえます。OECD(Organization for Economic Co-operation and Development：経済協力開発機構)の多くの国で膨大な金額の農業補助金が費やされています。

また、将来の農業技術として植物工場があります。密閉室内で光もLED(Light Emitting Diode：発光ダイオード)で照射しますので、完全に人工的な農作物の栽培ができます。無菌状態なので農薬の使用はなく(残留農薬のリスクもありません)、水耕栽培で無駄な水の使用はなく、肥料も適正な量に管理されます。現在、水耕栽培の作物に限られていますが、将来拡大していく可能性もあります。操業を停止した半導体工場(クリーンルーム設備があります)などの植物工場への転換計画があります。この後の動向が注目されます。

(b) 有機農業

わが国では農業従事者が著しく減少しており、農業の衰退が問題となっています。この解決には、農業従事者の経営面での安定化が必要となっています。有機農業生産物の普及には、農業経営面の安定化が非常に重要といえます。

法政策面における有機農業の推進に関して、生物多様性基本法第19条1項

で「国は、生物の多様性に配慮した原材料の利用、エコツーリズム、有機農業その他の事業活動における生物の多様性に及ぼす影響を低減するための取組を促進するために必要な措置を講ずるものとする」と定めています。

具体的な推進に関しては、2006年12月に「有機農業の推進に関する法律」（以下、有機農業推進法とする）が定められ、有機農業の定義（第2条）は「化学的に合成された肥料及び農薬を使用しないこと並びに遺伝子組換え技術を利用しないことを基本として、農業生産に由来する環境への負荷をできる限り低減した農業生産の方法を用いて行われる農業」とされました。

しかし、「農林物資の規格化及び品質表示の適正化に関する法律（JAS法）」に基づき制定された有機農産物の「日本農林規格（JAS規格）」でも有機農業を別途異なった定義をしています。第2条で有機農産物の生産について「(1) 農業の自然循環機能の維持増進を図るため、化学的に合成された肥料及び農薬の使用を避けることを基本として、土壌の性質に由来する農地の生産力（きのこ類の生産にあっては農林産物に由来する生産力を含む）を発揮させるとともに、農業生産に由来する環境への負荷をできる限り低減した栽培管理方法を採用したほ場において生産すること。(2) 採取場（自生している農産物を採取する場所をいう）において、採取場の生態系の維持に支障を生じない方法により採取すること」と定めています。この規格では、有機農業推進法と異なり生産の方法についての基準（第4条）が、ほ場（作物を栽培する田畑）又は採取場、ほ場に使用する種子、苗等又は種菌、ほ場における肥培管理、ほ場における有害動植物の防除、一般管理、育苗管理、収穫・輸送・選別・調製・洗浄・貯蔵・包装その他の収穫以後の工程に係る管理に分類され明確に定められています。さらに、当該規格同条で、有機農産物の生産の方法についての基準としてほ場に使用する種子、苗等又は種菌で「組換えDNA技術を用いて生産されたものでないこと」、ほ場における肥培管理で「肥料及び土壌改良資材（製造工程において化学的に合成された物質が添加されていないもの及びその原材料の生産段階において組換えDNA技術が用いられていないものに限る）」、ほ場における有害動植物の防除で「認められた農薬についても組換えDNA技術を用いて製造

されたものを除く」となっています。

　農業技術について高度な対応を求め規制している日本農林規格は、経営的に困難さを高くしており、有機農業にさらに大きなコストが予想されます。有機農作物をブランド化すると価格を高額にできることはできますが、購買層が富裕層または安全のニーズを持った消費者に限られてしまいます。このような消費者は首都圏に多いため、地方での地産地消は非常に困難であると考えられます。したがって、首都圏への出荷を行うことによってフードマイレージが大きくなり、環境負荷が大きくなります。ブランド化が進めば、高い価格を背景に温室栽培など需要者の求めに応じた季節に販売することも可能になり、さらに大きなエネルギー消費も行われます。地産地消と有機農産物栽培は分けて考える必要があります。

図表1-29　日本農林規格認定の有機農作物JASマーク

　有機農産物に関する「日本農林規格」を満たす農産物に「有機JASマーク」が付されています。対象品目は、有機農産物、有機加工食品、有機畜産物です。マークの下に書かれているのは、認定機関名です。

農林水産省では、1999年7月に制定された「持続性の高い農業生産方式の導入の促進に関する法律」（以下、持続農業法とする）に基づき有機農業の推進を図っています。都道府県では、持続農業法第4条に基づき、それぞれにエコファーマー導入指針を作成し、申請様式を定め（一部を除く）ています。この制度によって、「持続性の高い農業生産方式の導入に関する計画」（持続性の高い農業生産方式［土づくり、化学肥料・化学農薬の低減を一体的に行う生産方式］を導入する計画）を都道府県知事に提出して、当該導入計画が適当である旨の認定を受けた農業者は、エコファーマーとして都道府県から認定を受けることができます。

　持続農業法に基づいて認定を受けるエコファーマーは、有機農業推進法の目的に沿って進めることが可能と思われますが、「農林物資の規格化及び品質表示の適正化に関する法律」に基づいて作られる日本農林規格の農作物とは整合性はありません。エコファーマーが作った農作物及び日本農林規格で認定された有機農作物にはそれぞれ異なったマークが付けられますが、消費者の立場からは、混同する可能性があります。

　なお、有機農業の普及の追い風として、1999年7月に制定された「家畜排泄物の管理の適正化及び利用の促進に関する法律」及び2000年5月に制定された「食品循環資源の再生利用等の促進に関する法律」によってマテリアルリサイクルされた再生資源（有機肥料）が、大量に製造されたことがあげられます。ただし、有機肥料の成分に関してはモニタリングが必要です。

（c）食料生産技術

　生命の誕生に関しても、農作物は品種改良で性質が操作され、遺伝子操作技術も進み、遺伝子組換え、細胞融合技術も飛躍的に向上しています。

　1953年に、ジェームズ・デューイ・ワトソン（James Dewey Watson）とフランシス・ハリー・コンプトン・クリック（Francis Harry Compton Crick）によって、DNAが二重らせん構造であることが解明されて以来、分子生物学の急速な発展により遺伝子をナノテクノロジーレベルでの解析が進められています

(遺伝子はほぼ 10nm 程度です)。人間の DNA は約 31 億 6,000 万個連なっていることが解明され、この遺伝情報(この 1 組をヒトゲノムといいます)を解析し、医学・薬学・農学などの応用研究が進められています。このゲノム情報解析をバイオインフォマティクス(bioinformatics:生物情報科学)といい、多くのデータベースを駆使して生命研究が行われるようになりました。ヒトの遺伝子は、ショウジョウバエの遺伝子の数である 1 万 3,338 個の約 2 倍程度にすぎないことなどがわかりました(ヒトの遺伝子の数は 2 万 1,787 個であると推定され、個人によってわずかに個体差があります。引用:英科学雑誌「ネイチャー」[2004 年 10 月 21 日])。

遺伝子組換え技術は、1972 年に米国のポール・バーグ(Paul Berg)によって DNA 分子が作成されたことに始まりました。その後 1973 年に、同じ米国のスタンリー・ノルマン・コーエン(Stanley Norman Cohen)によって大腸菌を用いた遺伝子組換え技術が実用化され、バイオインフォマティクス情報が整備されたことにより、遺伝子操作がさまざまな産業に応用される可能性を広げました。

遺伝子組換え技術では、宿主細胞に、有用な遺伝子を持つ細胞の DNA をベクターによって導入するため、自然界に存在しない生物を短時間で作り出すことができます。遺伝子を切り取るには制限酵素や連結酵素が用いられます。また、クローニング技術では、単一の遺伝子を分離し増殖などを可能にすることができます。したがって、目的の性質を持つ生物の受精卵からとりだした細胞を培養・増殖し、同じ遺伝子を持つ生物を生産することができます。理論的には一卵性多数生物の生産(クローン化)が可能です。何らかの生物の大量生産を目的とする場合は、活発に自己増殖する性質を持つ DNA を移入します。もっとも、農作物や家畜の品種改良によって、時間をかけて生物の機能の変化は行ってきたことです。しかし、遺伝子組換え技術を利用することで、短時間に目的とする性質(DNA を移入)を生み出せます。すなわち、これまでにない機能を持つ生物を自然環境へ大量に存在させることとなり、生態系を変えてしまう可能性があります。

このリスクに対処するために、「生物の多様性に関する条約（Convention on Biological Diversity）」第19条3の規定で「締約国は、バイオテクノロジーにより改変された生物（Living Modified Organism：以下、LMO とします）であって、生物の多様性の保全及び持続可能な利用に悪影響を及ぼす可能性のあるものについて、その安全な移送、取扱い及び利用の分野における適当な手続（特に事前の情報に基づく合意についての規定を含むもの）を定める議定書の必要性及び態様について検討する」と定められました。この規定に基づき、2003年9月に「バイオセーフティに関するカルタヘナ議定書（Cartagena Protocol on Biosafety）」（以下、カルタヘナ議定書とする）」が発効されました。なお、LMO とは、この議定書第3条(g)で「現代のバイオテクノロジーの利用によって得られる遺伝素材の新たな組合せを有する生物をいう」と定められています。「現代のバイオテクノロジー」とは、第3条(i)で「自然界における生理学上の生殖又は組換えの障壁を克服する技術であって伝統的な育種及び選抜において用いられない次のものを適用することをいう。a 生体外における核酸加工の技術（組換えデオキシリボ核酸〔組換え DNA〕の技術及び細胞又は細胞小器官に核酸を直接注入することを含みます）、b 異なる分類学上の科に属する生物の細胞の融合」とされています。

　カルタヘナ議定書第4条では「この議定書は、生物の多様性の保全及び持続可能な利用に悪影響を及ぼす可能性のあるすべての LMO の国境を越える移動、通過、取扱い及び利用について適用する」となっており、環境保全のための厳しい規制となっています。なお、第5条において、「この議定書は、人のための医薬品である LMO の国境を越える移動については、適用しない」となっていますが、世界保健機構（World Health Organization）で定めた「国際間で流通する医薬品の品質に関する証明制度（Certification Scheme on the Quality of Pharmaceutical Products Moving in International Commerce）」に従うことが前提となっています。この議定書の国内法として「遺伝子組換え生物等の使用等の規制による生物の多様性の確保に関する法律」（以下、カルタヘナ法とする）が、遺伝子組換え生物などによる生物多様性への影響を防止するといった

観点から 2003 年に制定されています。これにより、カルタヘナ議定書を締結し、2004 年 2 月にわが国においても発効されました。カルタヘナ法第 2 条第 2 項に示されている「遺伝子組換え生物等」は、①細胞外において核酸を加工する技術であって主務省令で定めるもの、及び②異なる分類学上の科に属する生物の細胞を融合する技術であって主務省令で定めるもの、となっています。

なお、細胞融合とは、細胞と細胞が接触し、隔壁がなくなり、単一の細胞になることで、2 種の遺伝子を持つ細胞を融合することで、2 種の生物の性質を持つ新たな生命を作り出すことが可能です。

遺伝子操作技術の発展を受けて生物の遺伝子の解析は急激に進んでおり、遺伝子そのものを保存する活動も行われています。この取り組みは一般的に遺伝子バンクといわれ、わが国では 1984 年から政府によって具体的な対処が始まっています。既存の遺伝子バンクには、独立行政法人 医薬基盤研究所（当初、国立予防衛生研究所）が運営している「JCRB（Japanese Collection of Research Bioresources）細胞バンク」や農林水産省の「農業生物資源ジーンバンク」などがあります。遺伝子を保護することによって、特質を持った遺伝子の有効利用が可能になっています。人のクローニングに関しては、倫理的な面から非難が強く、国際的に禁止する傾向で、わが国では 2001 年 6 月に「ヒトに関するクローン技術等の規制に関する法律：通称 クローン規制法」が施行されました。しかし、クローン羊、遺伝子組換えされたクローン牛など世界各地で研究開発が進んでいます。日本でも黒毛和種のクローン牛を 1997 年に誕生させています。そもそも牛の繁殖のほとんどは、「家畜改良増殖法（1950 年制定）」に基づき「家畜人工授精用精液」を用いた人工授精で行われており、人によって牛の生命誕生も計画的に管理されています。

第2章
もの

　人類が使用している「もの」は、すべて化学物質でできており、資源も、廃棄物も人の価値観で判断しています。全く価値がない廃棄物（無価物）と思われる「もの」が人によっては価値がある「もの」（有価物）と見なしている場合もあります。また、これまで捨てていた「もの」が、リサイクルによって再度価値が見い出されることもあります。食物連鎖では膨大な種類の化学物質が移動していきます。この移動が狂ってしまうと生物濃縮で、人や生物に被害を及ぼす環境汚染を発生させることもあります。現在、人は自然の物質循環を変化させ、生態系自体の持続性を危ぶませています。

　本章では、「もの」に関した生活環境へのリスクを検討します。

第1節　資源と廃棄物

（1）LCA（Life Cycle Assessment）

❶ものと廃棄物

　生活を便利にする製品が次々と開発され、「もの」にあふれた環境が作り上げられました。製品はいずれすべて廃棄物になりますので、人にとって「資源」とされている「もの」は時間の経過とともに「廃棄物」に変わってしまいます。

　廃棄物には、固体、液体、気体の状態がありますが、視界に入る固体廃棄物は最も注目されます。液体で排出され河川、湖沼、海で拡散されると見た目ではわからなくなります。富栄養化（栄養分が過多になる状態）になり微生物が繁殖し、赤潮、青潮、または悪臭を発生したり、汚泥が堆積したりすると環境問題となります。燃料にされ気体になってしまう二酸化炭素、窒素酸化物、イオウ酸化物などは、感覚的には廃棄物といったイメージはありません。浮遊粒子状物質（科学的には固体）で大気の色が変わったり、煙突から色のついた煙が出たりすると不自然な状況がわかります。農作物や樹木が枯れたり、咳が出るなど健康被害が発生すると、大気環境に何らかの問題が起きていると気づきます。

　しかし、地球温暖化原因物質による気候変動などさまざまな環境破壊や、フロン類、ハロン類の排出によるオゾン層の破壊などは、原因と結果の因果関係が感覚的には理解できません。部屋の電気照明を消さなかったことが地球温暖化の原因になり、海面上昇、気候変動が起きているとは考えづらいのが現状です。環境問題は、まず身近な問題に目が向けられがちです。環境汚染・破壊は数多くの種類があり、その対策の優先度は理解がしやすいところから始められます。また、生活においては暮らしに関わる経済的な負担が大きいと環境保護活動は活性化しません。

❷製造物の環境責任

（a）ものの価値

　世の中のほとんどの「もの」を提供しているのは企業です。大坂商人、伊勢商人と並ぶ日本三大商人の一つである近江商人は、鎌倉時代から昭和にかけて長い間商業活動を活発に行ってきました。現在も近江商人の流れをくむ大企業はたくさんあります。この近江商人の有名な家訓（現 東近江市、1754年中村治兵衛が書き残したとされています）に、「売り手よし、買い手よし、世間よし」という「三方よし」といった教えがあります。日本のCSRの考え方として数多く取りあげられています。ここで示されている「三方」を総合的に計画的に検討しなければ、一つ欠けても持続可能な会社として進めていくことは難しいと思われます。したがって、儲けのみを考えて環境ビジネスを考えても、事業としては持続性はありません。環境保護活動に関する効果は、評価項目が多く、成果が出るまでに時間を要することが多いため、計画性を持って十分に解析しなければなりません。買い手が消費者の場合、科学的な効果については理解しにくいため「イメージ」だけで環境保護に関する付加価値を付けてもいずれ間違いがわかったときに「三方よし」のロジックは崩れるでしょう。また、買い手が企業の場合、サプライチェーンとして、買い手に環境負荷に関する情報の提供などLCA（Life Cycle Assessment）情報を整備しておくことが必要です。現代、「三方よし」の考え方を実践するには、基本に戻って再度考えていくことが重要です。

　大量生産、大量消費によって販売後の商品についての責任（製造物責任：product liability：PL）が希薄になったため、わが国では「民法」の特別法として1994年に制定された「製造物責任法」（1995年施行）でリスク回避を行っています。ドイツでは、製造物環境責任が定められ、製造物の環境責任も明確に示されています。国際的に使用済製品の環境責任は、企業の重要な社会的な責任になってきており、近江商人の「世間よし」を遵守するための重要な活動になっています。

図表 2-1　マテリアルリサイクルのためのゴミ箱（ドイツ）

　ドイツでは、家庭から排出されるゴミは、リサイクルを目的としてDSD社（デュアルシステムドイチェランド：Duales System Deutschland AG）によって回収処理されるものと、自治体が処理するものとがあります（デュアルシステム）。写真には、DSDシステムに基づくゴミ箱が並んでいます。デュアルシステムは、包装材の廃棄物量を削減することを目的として1991年に制定された「包装廃棄物政令」に基づいて整備されました。

　このシステムでは、製造業者及び販売者は、製品が消費された後の包装材を独自に回収・リサイクルを行う義務を負っており、第三者（機関）へ回収・リサイクルを委託することも可能となっています。この第三者（機関）は、民間企業（DSD社：1990年設立）が実施しています。デュアルシステム実施の手続きは、1）処理委託申請企業からDSD社へ、包装の種類、形状、年間販売量の情報を提出し、2）DSD社から処理委託申請企業へギャランティーマークの使用料を請求し、これを許諾した場合、3）契約締結となり、製品へのグリーンポイントマークの使用許可となります。DSD社は、回収分別業者及び各素材のリサイクル保証業者と委託契約を

行い、実際の作業は、委託先企業で実施しています。回収・リサイクル委託申請企業は、この経費を商品に上乗せしても良いこととなっており、最終的には消費者の負担となっています。わが国の「容器包装に係る分別収集及び再商品化の促進等に関する法律（容器包装リサイクル法）」と同じです。

また、グリーンポイント・マーク契約料（マーク使用料）は、リサイクルが容易なものほど安価に設定されるシステムとなっています。

このような国際的な動向を踏まえて、各産業界、各企業で環境保護への取り組みをさまざまに試行しています。ドイツで1996年10月に施行された「循環経済の促進及び廃棄物の環境保全上の適正処理の確保に関する法律」（正式略称：循環経済廃棄物法）では、世界に先駆けて使用済製品の再生など処理及び適正処分について規定を設けました。その中で処理・処分の優先度を、発生回避、リユース、マテリアルリサイクル、（ケミカルリサイクル）、サーマルリサイクル、適正処分と定め、国際的なガイドラインとなりました。この背景には、ドイツはわが国と異なり山岳地帯が少なく人口のばらつきが大きいため、廃棄物の最終処分場（埋め立て地）に適切な場所が少なかったこと、及び廃棄物の焼却処分に関してダイオキシン類など有害物質の排出について国民の警戒（予防）意識が高く、反対が強かったことがあげられます。

わが国は、人口が集中しており、鉱山跡地をはじめ最終処分場が複数建設されたこと、中間処理と位置づけられた廃棄物の焼却処理で減量化、減容化することが一般化したことで従来行ってきた「もの」を大事にする「もったいない」とする習慣が次第に失われていきました。1950年半ばから始まった高度経済成長期は、新しい「もの」をたくさん持つ価値重視に変化しました。このような状況を背景に社会経済による効率化が進みすぎ、キャピタル・ゲイン（capital gain）による資産の利益（株式や債券など）が急激に膨らみ、1989年末の株価が当時の最高値（38,915.87円）を付けた後、急激に下落しました。バブル崩壊

といわれています。このバブルが崩壊する前の数年間で、わが国の「もの」及び「サービス」に関する価値観がかなり変化したと思われます。その後、経済が低迷する中で、バブル時代に幻想の中で作られた建造物などは、無駄となり次々と姿を消しています。

このような状況の中で、「リサイクル」の実施で利益を上げることがさまざまに取り組まれましたが、単に捨てられる「もの」から新たな「もの」を作れば、環境ビジネスといった自然循環に則していない「ムラ」だらけの活動が複数出現しました。リサイクルするために、製品の寿命を短くして次々と部品を交換したり、使い捨て商品のリサイクル性を高め量産するなど、本末転倒の環境対策が行われました。販売後の環境負荷の検討を行うだけでも以前に比べ前進しているといえますが、従来の大量生産、大量消費を受け継いだ経営戦略に変わりはありません。環境負荷が少なくなる最もシンプルな方法である製品の長寿命性で、短期的な利益を上げることは困難です。上記のドイツのリサイクルの推進でも、経済的に成り立たなくなり、エコダンピングを発生させ、国際的に非難されたこともあります。

エコダンピングとは、1960年代米国の対日貿易が大きな赤字となったときに当時の米国大統領のニクソンが、日本は「環境対策をしない不正に安価な商品を輸出してきている」として作られた言葉です。1990年代にドイツでマテリアルリサイクルのために回収した使用済製品をフランスで不法投棄した際にも、(リサイクル料金を安価にしていることから)エコダンピングとされました。

(b) 製品の生涯における正味の環境負荷

使用済商品を回収し、分離・生成など工業的な処理を加えて、また何らかの材料(または物質資源)に変えるマテリアルリサイクルは見て確認することができますので、自然循環に近づいているように感じます。「環境に良いこと」といった抽象的な言葉で表されることがよくあります。しかし、前述に述べたように液体や気体として排出される廃棄物に関しては、感覚的にはよくわかりません。特に無色無臭の気体で発生しているとほとんどわかりません。一種の

錯覚のようなものです。環境負荷は、見た目だけで判断できません。

　鉱物などの資源は、見た目は単なる石ころなどと変わらず、その価値は一般公衆にとって理解できません。金色に見えるからといって金であるとは限りません。黄銅鉱を金と間違えている方を見かけたことがあります。イオウ化合物もちょっと色の悪い金に見えなくはありません。生活に利用される金属などは、地下深くから採掘され、精製され、目的物のみが取り出されます。化学物質によっては、極めて微量含有されているため、ほとんどがゴミになってしまうこともあります。この副産物は、エコリュックサック（ドイツ・ヴッパータール研究所『ファクター10』（1997年）、『ファクター4』（1998年）より）という表現を用いる場合もあります。まさしく、商品の背中に重りのようにのっている環境負荷といえます。

　金は、2000年以降急激に高騰しましたので、かなり含有率の低い鉱石からも採掘可能になりました。数グラムの金（K24）を得るために数トン以上の廃棄物が排出されていると考えられます。さらに、分離精製する際に比較的簡単に行う方法として水銀（比重分離）を使う方法がありますので、水銀の有害性による汚染が懸念されます（水銀は、常温で唯一の液体の金属で、金とアマルガムが溶け込むため、熱することで、沸点の低い水銀が揮発し分離できます）。環境中に排出された水銀は、微生物などに取り込まれ有機水銀となり、人の食用となる生物に摂取されると、人が有機水銀による中毒となります。有機水銀（メチル水銀）による中毒は、わが国では、熊本県、新潟県の工場排水によって発生しています（水俣病）。この他にも鉱物から資源（目的物質）となる化学物質を取り出す際に多くの種類の有害物質が一緒に産出・排出されてしまいます。イタイイタイ病で神通川に流されてしまったカドミウム、足尾銅山から渡良瀬川に流されてしまった鉱毒など、多くの汚染事件が起きています。

　他方、マテリアルリサイクルすることによって、鉱山採掘による環境負荷を減少させることもできます。日本におけるアルミニウムは、産業及び飲料容器の使用済製品から約8割以上の回収があります。鉱物から生成して生産する場合、ボーキサイト鉱石（アルミナ（Al_2O_3）が50～60％含有しています）を苛性

ソーダ(水酸化ナトリウム [NaOH])に溶かし、莫大な電気エネルギーを使用して電気分解して生成します。日本の軽金属メーカー(アルミニウムメーカー)には、独自に水力発電所及び送電線を持ち操業しているところもあります。すなわち、ボーキサイトからアルミニウムを製造すると大量の残渣(副産物)と莫大なエネルギー消費が必要となることがわかります。しかし、アルミニウム廃棄物をマテリアルリサイクルすれば、少量の残渣で済み、エネルギーも95～97％削減できます。製品のライフサイクルで環境負荷を考えた場合、マテリアルリサイクルすることによって無駄を大幅に削減できます。

図表2-2　アルミニウムのマテリアルリサイクル事業所

アルミニウムは、金属の中では比較的軽く加工しやすいため硬貨、建材、自動車用部品、ファスナー、容器などに利用され、また電導度が高いことから純度の高い物は電力ケーブルにも大量に使用されています。マテリア

ルリサイクルによる原料供給が主要となっているため、使用済製品も比較的高額で取引されています。このため、資源回収所から使用済アルミニウム製品の盗難が頻繁に起こっており、家庭用の柵に使用されたりしているものまで盗難にあっています。台湾では、送電線に使用されているアルミニウムを窃盗しようとして感電してしまい死亡者まで発生しています。また、海外では自動販売機が日本のように多くなく、アルミニウム製の飲料缶はほとんどないため、日本のようにアルミ缶のマテリアルリサイクルは行われていません。スチール缶に関するマテリアルリサイクルは実施されていますが、アルミニウムに比べると価格が安価であるため、市場の価格の動向でマテリアルリサイクルに対するインセンティブが変化します。鉄のマテリアルリサイクルでは電炉を用いるため（コークスによる還元があまり必要がありません）、エネルギー消費が多く、エネルギー価格の上下でも事業収益に大きく影響してしまいます。

アルミニウムのマテリアルリサイクル場合、「もの」及び「サービス」（エネルギー）の面において、環境負荷面は、WIN-WINといえます。アルミニウム缶を例にあげても缶から缶にマテリアルリサイクルされる、いわゆる水平リサイクル率は、68.4％（2012年度：アルミ缶リサイクル協会発表資料より［http：//www.alumi-can.or.jp/2018年6月］）と非常に高い数値となっています。

なお、水平リサイクルとは、マテリアルリサイクルしても材料の品質の低下がほとんどなく、また同じ製品を作ることができるような場合に使われ、マテリアルリサイクルによって材料として不純物の含有率が高まったり、化学的な構造が変化したりして、他の製品の材料に変えて使用する場合（素材として劣化）は、カスケードリサイクルといわれます。

他方、プラスチックのように組成、構造の違いでさまざまな性質を作ることができる材料は、容易にマテリアルリサイクルできません。プラスチックは、高分子という炭素がいくつも繋がった化学構造をしており、原料に戻してもモ

ノマーといわれる、化学反応しポリマーが作られる（重合といいます）前の形にしなければなりません。全国各地で発生した各プラスチックを回収、分別し、それぞれをマテリアルリサイクルするために特殊な化学反応を実施することは極めて多くの工程が必要となり、人による作業、移動などのエネルギー消費などを総合的に考えると、別途、数多くの環境負荷が発生する可能性があります。また、人件費、エネルギーコストなども非常に大きくなります。無理にマテリアルリサイクルをするよりも、そもそも原油から蒸留して分離されている石油化合物ですから、化石燃料としてサーマルリサイクルした方が合理的である場合が多いように考えられます。ただし、プラスチック製品は、食品用パック、ペットボトルのように生活を便利にするために作られているものが多いですから、場合によっては過剰な便利さを持っていることもあります。極力寿命が長い容器などの使用を前提としてリユース、マテリアルリサイクルを検討することが必要です。

　また、ポリ塩化ビニル（Poly Vinyl Chloride：PVC）のように耐久性が良い材料であっても塩素を含んでいるため、燃焼した際に、猛毒のダイオキシン類が発生することがあります。ダイオキシン類は、800℃以上で燃焼すれば分解するためリスク回避はできますが、燃焼温度の管理が不十分な場合環境中に放出してしまう可能性があります。その他、プラスチックには非常に多くの種類の化学物質が添加されていますので、それらの一つ一つについて有害性を検討しなければ、本当のリスクはわかりません。例えば、しばしばプラスチックに分類されるエラストマー（elastomer）といわれるゴムは、製造時に加硫といわれるイオウを加えているため、燃焼すると有害なイオウ酸化物（空気中で酸化して亜硫酸となり水と反応すると硫酸となります。）が大量に発生します。大量の古タイヤが燃える事件が発生することがありますが、周辺環境は有害物質で汚染されます。

　廃棄物の処理処分に関しては、「廃棄物の処理及び清掃に関する法律」で規制されています。一般廃棄物及び産業廃棄物の中間処理としてのリサイクル（材

料としての再生)は、「資源の有効な利用の促進に関する法」に基づき規制が実施されています。前述以外のマテリアルリサイクルとして、比較的化学的に安定な廃ガラス類の再資源化は、「容器包装に係る分別収集及び再商品化の促進等に関する法律」に基づいて回収された容器類から分けられ、さらに色などによって分類され、一部は水平リサイクルされ、その他はカスケードリサイクルとして、路盤材、造粒砂、軟弱地盤改良、暗渠・サンドマット(透水性利用)など、さまざまな製品が開発されています。製品よってそれぞれにリサイクル方法が異なります。リサイクルが可能になることによって、ものとして利用価値を伸ばすことができ材料としての価値を高めることができます。しかし、移動や処理の工程が増えるごとに新たに発生する環境負荷について評価しなければなりません。

　したがって、製品の生涯における環境負荷を十分に検討しなければ、真実の環境保護活動、または環境保護を前提とした企業活動にはなりません。いわゆ

LCA(Life Cycle Assessment)のイメージ

その他考慮点　・生産から廃棄物になるまでの期間の長期化
　　　　　　　　　⇒長寿命性(環境負荷の減少)
　　　　　　　・処分後の時間経過を加味した環境負荷
　　　　　　　・将来の材料変更の可能性
　　　　　　　・事故を想定してのリスク分析　　　　など

設定された評価項目(ハザード)で結果(リスク)が異なる

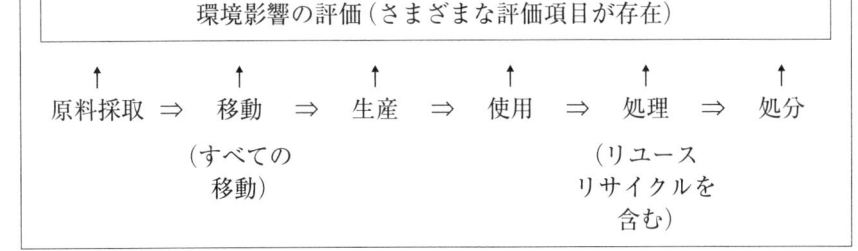

| 環境影響の評価(さまざまな評価項目が存在) |

原料採取 ⇒ 移動 ⇒ 生産 ⇒ 使用 ⇒ 処理 ⇒ 処分
　　　　　(すべての　　　　　　　　　(リユース
　　　　　　移動)　　　　　　　　　　 リサイクルを
　　　　　　　　　　　　　　　　　　　 含む)

るLCA情報を整備することが最も重要な環境活動で、まず最初に行わなければならないことです。リサイクルの工程においても同様です。

（2）資源と環境経営

❶汚染被害の負担

a）企業、被害者、消費者

　鉱山開発は、明治時代以降採掘、精錬技術などの進歩によって増産が可能となり、経済的な効率が急激に向上しました。しかし、技術開発において環境汚染に関する事前のアセスメントが十分に行われなかったため、全国の至る所で環境が破壊され有害物質などの被害を受けた住民に多大なる健康被害及び物的な損害が発生しています。

　これら被害に対する対処は、加害企業によって大きく異なっています。四大公害病の一つである「イタイイタイ病」では、加害者である三井金属鉱業（神岡鉱業所）は汚染被害を発生させた富山県神通川流域（富山県婦負郡婦中町：現富山市）の住民と明確に争う姿勢を示しました。

　　イタイイタイ病事件（名古屋高裁金沢支判昭和47年8月9日・判時674・25）は、鉱物精製工程で副産物として生成したカドミウム（原因物質）が水田へ流れ込み、イネのファイトレメディエーションによって生物濃縮を起こしたことによって発生しています。原告らは、鉱業法109条（無過失責任）に基づき提訴しています。カドミウムで汚染された米を食糧として摂取した者（慢性中毒）は、カルシウム脱失によって骨が脆弱（骨軟化症）となりイタイイタイ病を発症しました。国は、1968年にはじめて公害病に認定しています。

　　写真は、イタイイタイ病の資料や教訓を後世へ残すために、富山県と加害者の三井金属鉱業（資料館の建設と運営に5億円を拠出しています）に

よって 2012 年 4 月に開館した富山県立イタイイタイ病資料館です。富山国際健康プラザ（愛称：とやま健康パーク）内に、生命科学館、温水プール・トレーニング施設などを備えた健康スタジアム、屋外健康づくり施設と一緒に併設されています。

2013 年 12 月には、「神通川流域カドミウム被害団体連絡協議会」と「三井金属鉱業」が、国の基準では救済されない患者に一人 60 万円の一時金を支払う合意書を交わしています。

図表 2-3　イタイイタイ病資料館

汚染の発生源である神岡鉱山は、工業で重要な亜鉛などを採掘しており、高度経済成長期のわが国にとって重要な資源供給源であったといえます。また、岐阜県神岡町にとっても多くの雇用が確保でき、住民の生活には不可欠な存在でした。神岡城跡に作られた鉱山資料館（歴史資料館・高原郷土館に神岡城、旧松葉家住宅と共にある施設）には、鉱山採掘全盛期の数多くの資料が展示されています。

鉱山から得られる鉱物は、一般公衆の生活にさまざまに利用されており、技

術開発が進むにつれ急激に人の生活の中に入り込み、なくてはならなくなった物が莫大に増加しています。産業活動で地下から掘り出された膨大な鉱物は地上に拡散され、地上の物質バランスを変化させていることとなります。この物質バランスの変化が、さまざまな環境問題を生み出しています。これら問題は、時間的空間的に極めて複雑に発生するため、自然科学的に原因追及、汚染経路、汚染・被害のメカニズムを解明することは非常に困難です。現在の自然科学のレベルでは解析不可能な現象も存在しています。

他方、鉱山の採掘、精錬の現場で排出物による環境汚染を発生させている例も多く、鉱山廃棄物は鉱山閉山後も未だ十分に処理されていないところもあります。例えば、岩手県八幡平市（旧 岩手郡松尾村）にあった松尾鉱山（当初はイオウ [S] 採掘、その後黄鉄鉱 [FeS_2] 採掘、一時はわが国で最大の黄鉄鉱の採掘地でした）は、19世紀後半から1972年まで操業した後そのまま放置されてしまっています。この鉱山は、操業しているときは、山深い地にある「雲上の楽園」と呼ばれ、労働者の家族も含め1万人以上が生活していました。しかし、鉱石採掘時においても周辺へ有害物質による汚染を生じさせていました。

現在なおヒ素など複数の有害物質を含む強酸性の鉱毒の浸出水が大量に存在しているため、汚染浄化として中和処理などの費用を岩手県の予算（年間数億円）で支出しています。

廃鉱になった鉱山は全国に複数あり、放置されているところもあります。負の遺産として残そうとする動きもあります。日本では以前、多くの鉱物を採掘していて日本の経済成長に大きく寄与していたと考えられます。多くの日本人が受益者といえますが、汚染によって多くの人が被害に苦しんでいる事実もあります。福島第一原子力発電所の事故においても同様です。汚染の予防を図るために多くの一般公衆の理解が必要です。経済成長のために汚染をしながら鉱物を採掘し、終了と同時にそのまま放置されるといった無責任な対処は今後なくなって欲しいと思います。

図表 2-4　鉱山閉山跡地（廃墟）

　鉱山開発によって利益を得ていた者には、経営者及び被雇用者があげられ、さらにその資源を利用できた多くの一般公衆が存在します。ただし、鉱山労働は過酷な作業であり、機械化されていなかった明治時代以前の労働者は、25～30歳まで生存できたことを祝っていたのが現実です(引用：国立科学博物館『日本の鉱山文化』(1996年)136-144頁)。価値観の違いでどのレベルに利益を生み出すかは個人によって大きなバラツキがありますが、社会全体と比較し受益者とするのは妥当とは考えにくいといえます。対して、資源によって物質的な豊かさを得た一般公衆は自分が受益者と実感することはあまりありません。

(b) 鉱害対処における経営判断

　別子銅山(愛媛県新居浜市)でも黄銅鉱([$CuFeS_2$]または黄鉄鉱[FeS_2])から銅と同時に採取可能なイオウも大量に分離精製されたことによって、イオウ酸化物による大気汚染が発生しています。1691年に開坑され、1972年に山はね(地圧現象による大崩壊の微候)が見つかり、1973年に閉山になるまで操業されていました。採掘当初、独自の技術である南蛮吹(灰吹法の改良)によっ

て採掘・精錬していたときは公害の記録はありません。明治時代以降、黄銅鉱から銅及びイオウを工業的に分離精製したことでイオウ酸化物による汚染が深刻となり、生活、農業及び生態系にも被害を発生させました。この事業経営を行っていた住友は、煙害に対処するために銅山頂上に煙突（6 本煙突）を作り対処（大気中での希釈）しています。また、硫黄分が硫酸に変化することによって、銅、鉄を含んだ鉱毒水が発生したため、即時対処し、特別に水路（煉瓦水路）を造り、別途中和が行われていました。

　また、精錬工場（精錬所）を新居浜沖 20 km にある四阪島（現在はリサイクル工場が稼働しています）へ移し（1905 年）対応しました。しかし、却って東伊予地方一帯に煙害問題が広がり深刻な事態となりました。1929 年にペテルゼン式硫酸工場が新設され硫酸の分離精製を行い、1939 年には四阪島精錬所にアンモニア水による中和工場が完成したことによって煙害（鉱害）が著しく低下しました。現在、精錬工場は稼働していませんが、世界文化遺産を目指しています。

　他方、山中にある採掘所及び精製工場周辺では、森林破壊も発生してしまい、その対処として植林が行われていました。この植林を行った事業部が住友林業の前身となっており、鉱害被害改善のための CSR（Corporate Social Responsibility）活動が新たなビジネスを生み出しています。

　他方、日立鉱山（茨城県日立市）は、江戸時代に富豪で有名な紀伊国屋文左衛門などが銅採掘など開発を手がけましたが、鉱毒問題で失敗し、その後 1905 年（明治 38 年）に久原房之助によって開業されました。この鉱山でも事業拡大に伴って大気汚染が深刻となり 1914 年には被害範囲が周辺 4 町 30 の村に拡大し、排煙を希釈するために当時世界一の高さの 155.7 メートルの煙突を 1915 年に建設しています。

　経営者は、「この大煙突は日本の鉱業発展のための一試験台として建設するのだ。たとえ不成功に終わっても、わが国の鉱業界のために悔いなき尊い体験となる」と社会的責任を主張しています。また、亜硫酸ガスのため、周辺地域の山々の樹木が枯れたことについての対処として、煙に強い木を自社で約 500 万本を植林し、周辺の町村へ苗木を 500 万本無料で配布しています。さらに、

第 2 章 もの

現在の行政によるテレメーターシステムの先駆けとなった電話回線を使った観測システムなどを独自に設置しています。この会社は、現在の JX ホールディングスに至っており、機械メンテナンス部門は日立製作所となっています。

別子銅山、日立鉱山の事例より、当時は LCA によって対処することは困難だったと考えられますが、汚染者負担に基づく考え方が経営判断に生かされており、持続可能な経営に繋がった例といえます。

図表 2-5　尾去沢鉱山跡地

尾去沢鉱山 (秋田県鹿角市) は、708 年頃発見されたとされ、当初は金山として開発されました。東大寺や中尊寺の金に使われたとの説があります。その後銅山として操業され、1978 年に閉山しています。1889 年から三菱財閥が経営を行っています。鉱山跡地周辺は、未だ森林、草が生えておらず、黄銅鉱及び黄鉄鉱を採取したときにイオウがかなり生成・放出していたことがわかります。精錬の際の排煙を排出するための煙突も 60 メートルと比較的低く、近くに被害があった様子が写真からうかがえます。ただし、人口が少なくまわりに山が多く (山深く)、被害が限定されてい

たと考えられます。廃滓シックナーによって濃縮し精鉱（不純物を排除し製錬に適するような品質にした鉱石）を分離し、残りの滓は分離され粗粒のものは坑内の採掘跡へ充填され、微粒は鉱滓堆積場（ダム）に投棄し最終処分されました。

❷自然の持続可能な利用

（a）たたら鉄と自然

　人類は、金属が持つ固く加工可能な性質を見つけ、生活用品、農機具、武器などに利用しています。この中でも現在最も大量に使用されている金属は鉄です。鉄の使用が始まった頃は、大量に生産する技術がなく、限られた用途にしか使用できませんでした。最初に採取された鉄原料は、隕石（鉄隕石）だったようです。いわゆる宇宙からやってきた僅かな物を資源にしていました。

　そののち、砂鉄や鉄鉱石から鉄を生み出す方法を開発し、さまざまな用途に使用されていきます。地球には、重量比で24.5％もの鉄が存在しています（地殻には約5％です）が、比重が重いため他の惑星と同様にその多くが内部に埋まっています。また、地表面には酸化鉄を含む鉱石が中心です。30億年以上前に地上に誕生した藍藻類（ストロマトライト）の光合成で生成した酸素で酸化され、地上または地上付近の鉄は錆びてしまいました。鉄を材料として使用するには、これら鉄材料に化合している酸素を分離する必要があります。また、不純物（酸化チタン、酸化マグネシウム、酸化リン、酸化アルミニウムなど）も分離しなければ質の良い鉄にはなりません。

　鉄の基本的な生産方法は、現在も昔と大きくは変わっていません。酸化した鉄を溶解し、酸素及び不純物を分離して作ります。酸素を取り除く方法を還元といいます。原初は、古墳時代（3世紀頃から）で、粘土で作られた簡易な溶鉱炉を作り、木炭を燃料及び還元剤として砂鉄から質の悪い（不純物が分離されないままの）鉄を作っていたと思われます。これを、野たたらと呼び、埴輪で作られている武人の鎧や農機具などを作っていたと考えられます。

日本人にとって、鉄は青銅より身近な存在であったようです。鉄は、機能性が高く、配合されている炭素の量で用途が変わります。その種類には、純鉄（電磁気材料など高度な製品に使用されます：炭素含有量 0.02 % 以下）、鋼［はがね、スチール "steel" ともいいます］（自動車、電化製品の筐体、橋や線路などインフラ材料や包丁や工具、農機具など：炭素含有量：0.02〜1.7 %）、銑鉄［せんてつ］（鋼製造の材料、茶釜、風鈴など：炭素含有量 2.2〜6.7 %）があります。

　島根県など中国地方に古代（6 世紀後半）から行われているたたら製鉄（たたらとは空気を送り込む装置）では、砂鉄を還元及び溶融するために木炭が使用されていました。一時は森林減少が問題となり、持続可能な経営が危ぶまれました。しかし、たたら製鉄が供給していた鉄は、刀・甲冑（純度が良い鋼［玉鋼］）や道具（あまり純度が良くない鋼［鉧（けら）など］）などに限られたため、量産の必要性は低かったと思われます。個々の経営者（当時は多くの者が森林も所有していました）たちは、森林を持続的に使用するために計画的に森林を伐採し鋼を全国へ供給していました（引用：和鋼博物館『和鋼博物館 改訂版』(2007年) 36〜37 頁）。いわゆるバイオマスを、カーボンニュートラルな状態で保っていたといえます。森林が減少していかない程度に伐採していたと思われます。山陰地方が良質な原料を産出することから、大正時代までわが国の鉄生産の中心地となりました。さらに還元剤となる木炭（ナラ、クリ）も良質（単位熱量、シリカの配合など）であったことが幸いしていたようです。

　また、この地域には、たたら鉄製造に適したチタンなど、不純物が少なく純度の高い砂鉄（磁鉄鉱）が多かったため、たたら製鉄に適していました。砂鉄の収集には、鉄穴流し（かんななおし）という手法で、川で比重分離を行っていたことから、周辺の川（斐伊川など）が赤く濁っていたとの記録があります。流れ出た赤土や赤い鉄（三二酸化鉄）は血の流れのようになっていたと伝えられており、出雲の記紀神話に登場する八岐大蛇［やまたのおろち］が、素戔嗚尊（すさのおのみこと）に首を切られ出血したためとの伝説の元になったとされているようです。なお、鉄穴流しは「水質汚濁防止法の規制」により 1972 年から禁止になりました。

現在でも島根県奥出雲では、年に数回たたら製鉄が行われており、技術者も養成されています。この製鉄技術に基づいて、電気炉で高性能な鉄を生み出している企業もあります（電気炉は鉄のマテリアルリサイクルの際にも利用されています）。

図表2-6　溶解・還元炉から取り出された鉄（鉧[けら]）

　一回のたたら操業で2.5トンの鉧（良質な鉧[玉鋼]は約1トン程度）が生成されます。砂鉄を約8トン、木炭は約13トン（森林面積にして1ヘクタール[10,000 ㎡]）が必要となります。鉄を作るために大量の自然が消費されます。たたら鉄を大量に生産していた島根県の奥出雲では、経営者が鉄生産のための山（鉄山）を所有しており、計画的に森林資源を消費していたようです。良質な鋼は、玉鋼（たまはがね、和鋼ともいいます）といわれ、その中でも一級品とされる材料で作られた日本刀は、約50年は錆びないといわれています。

その後、近代製鉄では、木炭ではなく鉄鉱石をコークスで還元・溶融したため、森林への直接的影響はなくなりましたが、コークスに含まれるイオウ分など有害物質による汚染（酸性雨、残渣の排出など）で大気汚染及び水質汚濁が極度に進行しました。八幡製鉄所（福岡県北九州市）では、一時深刻な大気汚染及び水質汚濁が発生しました。しかし環境改善を望む周辺住民などの訴えが実を結び、1970年代に経営者、行政、関連会社が協力して環境改善に積極的に取り組みました。その結果、四大公害のように被害者と経営者との対立はなく生産が続けられました。現在では、北九州市は国際的に環境都市として認められています。

（b）石見銀山の維持

　石見銀山地区（島根県大田市）が、世界文化遺産登録（2007年）された際に、日本側から審査機関"ICOMOS"に提出した説明資料には、「森林等自然資源の破壊を防ぐため、銀産出には極力人力を使用し、自然資源の消費を最小限にしたこと」が述べられています。この銀山の精錬で行っていた「灰吹法」では、木炭を燃焼させ貴鉛（鉛85％、銀15％）を化合する際に1,000℃前後の熱を必要としました。また、銀分離においても樫などを使い、木材で融点の違い及び燃焼による酸化物の生成を利用していることから、多くの森林資源が消費されたことが予想できます。しかし、森林喪失の様子はなく、森林は、エネルギー源、化学材料面で不可欠であることから、再生能力を考慮し伐採を管理していたことがうかがえます。これは、数十キロメートル離れたところで盛んに行われていた前述の「たたら鉄」製造と同様に、自然消費を考慮した持続可能な開発を行っていたためと思われます。

　銀産出においては、水銀法（常温で液体であり比重が重い水銀）で分離する方法が普及しており、銀分離を効率的にしています。石見では、明治時代に藤田組（当時大阪：現 同和ホールディングス［同和鉱業］）が、大型化、（輸送なども含め）効率的にした灰吹法、沸点分離（イオウの酸化）での銀及び銅の産出を図りましたが、鉱石の比率の採算が合わなかったため1年半で生産（清水谷

精錬所）を中止しました。したがって、工業化による大規模な開発がなかったことも環境破壊が発生しなかった要因であると考えられます。

一方、17世紀〜18世紀にかけて繁栄した石見銀山では、30歳まで生きられると長寿でお祝いをしたといわれています。これは、何らかの有害物質の慢性毒性が原因であると予想されます。この原因として考えられるものに、灰吹法による銀生成で貴鉛からの鉛を酸化物として分離している工程があります。この際に人体に鉛が入り込んだ可能性があります。また、貴鉛を生成する際に鉛鉱石を細かく砕き、化合させている工程もリスクが高いといえます。マスク（粉塵対策用）を使用していましたが、指のつめ、目または何らかの食品を通して摂取されたと思われます。

室町時代から江戸時代にかけて一般庶民のお化粧に「おしろい」が使用されており、その白色の成分は鉛化合物であることから、当時の人々（一般公衆など）には鉛が有害物質という知識はなかったと考えられます。このようなリスクは、現代にも通じるところがあります。化粧品による健康被害の事件や何らかの商品によるアレルギーなどがあります。深刻なものとして作業現場においてはアスベストや有機溶剤などの摂取による被害があります。最悪の場合死亡に至っています

環境経営には、自然の消費及び化学物質のリスク管理・コミュニケーションなど、多方面からの情報の整備と対処が必要といえます。持続可能な事業にするには、長期的な視点が不可欠といえます。

第2節　変化するリスク

（1）身近なリスク

❶有害物質の摂取と曝露

　環境を形成しているものはすべて化学物質であり、化学物質も陽子、中性子、電子で構成されており、さらに素粒子と物理的には次々と「もの」の存在そのものの解明が続いています。われわれが見たり、さわったり、していること自体が不思議な世界に思われてきます。しかし、百あまりの元素があり、その化合の仕方で数限りなく化学物質が作られていることは現実です。人工的な化学物質も毎日新たに千数百種類が生まれています。

　われわれの体も化学物質で作られていますので、地上に存在する化学物質と何らかの化学的、または物理的な反応をする可能性があります。呼吸をし、食事でエネルギーを得ているのも化学反応によるものです。地下深くから掘り出された鉱物、原油、天然ガスなど、今まで地上に存在しなかった化学物質を環境中に増加させれば、何らかの化学変化を起こすことは自然の現象です。人類は、それらを都合良く利用することのみを考えているため、その他の化学反応にはあまり興味を持ちません。その結果、予想していなかった有害性が発生することになります。また、微生物やウィルス、リケッチア、プリオンなど生物学的な有害性を示すものもあります。

　家の中で問題になったものには、接着剤や塗料など揮発性の高い化学物質（VOC[Volatile Organic Compounds]、VVOC[Very Volatile Organic Compounds]）に含まれる塩素系有機溶剤、アスベストなどがあります。シックハウス症候群を発生させる化学物質は、アレルギーが問題となりますので個人差があります。また、疫学調査（統計学的調査）で有害性が指摘された電磁場による生体影響など、反論が多いものもあります。タバコの煙による肺ガン

をはじめとする疾病も問題となっていますが、数年から数十年も経過した後に健康被害が発生するものは、原因との因果関係を証明することは極めて難しいのが現実です。リスクを自分で知り、回避していくことが重要です。

　外に出ると、PM2.5をはじめ浮遊粒子状物質が空から降ってきます。この粒子の中には、化石燃料の燃焼で生成したイオウ酸化物、窒素酸化物、石炭に含まれる水銀など有害物質、黄砂など自然に存在していた化学物質が含まれています。これらは人為的な活動の拡大、人為的に自然が破壊された結果発生しました。含有物は一定ではないため最も危害が大きい場合を想定して対処しなければなりません。建築物の解体現場からは、建材に含まれていたアスベストなど粉じんが発生しています。「廃棄物の処理及び清掃に関する法律」及び「大気汚染防止法」でリスク対策は行われていますので、法令が遵守されていれば実際には危険は少ないと思います。また、悪臭が発生している場合もイオウ化合物など、有害物質や病原体が発生している可能性があります。広場によくいる鳩の糞には、クリプトコッカスという流産をおこすリスクがある菌が存在することがあります。

　他方、企業が提供する商品も製造物責任が重要です。食品に関する安全性に関しては、極めてリスクが高い病原体を排除するために「食品衛生法」によってハサップ（Hazard Analysis and Critical Control Point：HACCP）などが導入された安全管理手法が定められています。しかし、残留性農薬が付着した食品が輸入され問題になったこともあります。わが国の農作物の栽培に使用される農薬は、食品として人が安全に食することを考えて、リスクが低いと評価されたもののみが使用されています。使用してもよい農薬をリスト化して、これらのみを使用するポジティブリストによる規制が行われています。海外では、使ってはいけない農薬を定めて規制するネガティブリストによる規制を行っている国もありますので、このリストに載っていないものは使われています。この農薬が付着したまま輸入されると、わが国の食品安全性検査で検出されることになります。

　また、暖房器具で不完全燃焼が問題となり自主回収をしている製品などがあ

ります。不完全燃焼で発生した有害物質である一酸化炭素は、無味無臭でキケンを知ることが困難です。化粧品など身体に直接、塗布するような化学物質もアレルギーの発生など事件が起こっています。

　有害性が指摘された化学物質は、リスク回避が必要となります。しかし、経済的にデメリットを被る企業、産業界などは、猛烈に反発することがあります。レイチェルカーソンが農薬の使いすぎによる環境リスクに警鐘を鳴らした際には、この傾向が顕著に表れました。シーア・コルボーンが環境ホルモンのリスクを訴えた際にも同様のことが起こりました。米国では、共和党などは未だにレイチェルカーソンを非難しています。また、アスベストのように法令で規制されていなければ、国際的に有害性が問題になっていても経済性を重視し、使い続けられた例もあり、曝露の可能性について一般公衆の「知る権利」と企業の社会的責任としての「情報公開」を普及していくべきです。

　しかし、リスクが問題となった商品のリスク回避に積極的に取り組んでいる企業もあります。第１節でも社会的責任として環境汚染対策を実施した鉱山経営者を取りあげましたが、接着剤、塗料メーカーなど化学物質を多く使用する企業の中には積極的に有害性がない商品の開発をしている企業もあります。このような先進的な企業と、環境リスクや商品のリスク回避にネガティブな企業は、漸次格差が広がりつつあります。

❷放射性物質
― 地球に存在しなかった物質の拡散 ―
（a）放射能

　ドイツの物理学者であるレントゲン（Wilhelm Conrad Röntgen）が、1895年に放電現象で発生した電磁波について、これまでにない性質（透過性など）を持っていることからエックス線としました。なお、電磁波とは波と粒子の両方の性質を持つ不思議なもので、波長の短い順に、ガンマ線、エックス線、紫外線、可視光線、赤外線、電波などがあります。1896年には、フランスの物理学者であるベクレル（Antoine Henri Becquerel）がウランの放射能の存在を発見し

ます。そして、ポーランドの物理学者であり化学者でもあるマリー・キュリー（Marie Curie）がこの放射線を出す能力のことを放射能と命名しました。放射能を持ち放射線を出している化学物質のことを放射性物質といいます。

　放射性物質は、放射線を発しながら原子核が崩壊（壊変）していき、放射性同位体（Radioisotope：RI）というものになります。同位体（Isotope）とは、陽子の数（原子番号）が同じで中性子の数が異なる原子のことをいい、陽子数と中性子数の合計で表される質量数も中性子の数の違いだけ異なります。放射性同位元素は、放射線を出しながら原子核が崩壊していくもので、自然界で不安定な状態で存在しています。

　ラジウムとポロニウムという元素が放射能を持っていることが、1898年にキュリー夫妻（Marie Curie、Pierre Curie）によってはじめて発見されました。ポロニウムの名称は、夫人の祖国のポーランドに因みつけられました。1899年には、英国の物理学者アーネスト・ラザフォード（Ernest Rutherford）が、アルファ線（α線）とベータ線（β線）の分離に成功しました。このアルファ線とベータ線は、電荷を持つ粒子線といわれ大きなエネルギーを持っています。前述の電磁波とは異なります。その後1900年から同じ英国の化学者フレデリック・ソディ（Frederick Soddy）とともにラジウム、トリウム、アクチニウムの研究を始め、1902年には原子崩壊説を唱えました。1903年には、ガンマ線を発見しました。ガンマ線は、波長の短い電磁波で粒子線とは違いますが、エネルギーが大きい放射線の一種です。

　将来のエネルギー政策を考え、原子力発電の普及を行い続けてきたことは、明確な理由があり重要なことです。核エネルギーの利用は、大きなハザードがあることは明確ですので、利用していくことを中止するのか、または、通常運転時の放射線漏れ及び事故の確率を最小限にするなどを行い曝露を極力小さくして使用し続けていくのかは、われわれが決めていくことです。人の健康、生命に関わることですので、経済的な利益、便利さか

らの視点ではなく、リスク回避とそのチェック体制・機能・責任及び（リスクが高い人々の）知る権利、（サービスを得る人たちへの）知る義務を優先して整備するべきです。写真は、2016年に廃炉が決定した高速増殖炉もんじゅ施設とその前に広がる海水浴場です。すぐ近くに漁港もあります。このような風景が壊されないことを期待したいです。

　事故が起こって突然シーベルト（放射能の人体への影響を示す単位：線量当量：以前はレム［1レム＝100シーベルト］という単位を使っていました）やベクレル（放射能が放射線を出す能力［強さを表します］）といった単位がリスクの大きさを説明する際に出てきました。エネルギーは国民すべてが必要なものであり、安全保障にとっても重要です。国民全体が参加しての議論が必要です。

図表2-7　原子力発電施設と生活環境

　天然放射性同位体には、カリウム、カドミウム、セレン、水素、炭素、サマ

リウム、ビスマス、タリウム、バナジウム、インジウム、ネオジムなどがあります。天然の放射性元素の原子核は、温度や圧力に関係なく一定の速度で崩壊していく性質があります。また、原子炉でウラン 238 に中性子が照射され作られるプルトニウム 239 のように人工的に原子核が変えられるものもあります。海水には、ウラン、ストロンチウム、セシウム、カリウムがイオン（負［アニオン］または正［カチオン］の電気を持つ原子または原子団［特定の原子の一団］）が含まれています。これらが不安定な状態になると放射性物質になります。環境中の放射性物質は、冷戦時に米国、ソビエト連邦（現 ロシア）、中国、フランスなどの核実験によって発生した莫大な放射線によって多くの物質が励起（不安定な状態）し、放射性物質が急激に増えました。原子力発電所から放射される放射線は微量ですが、放射性物質は排水中に微量のトリチウムなどが含まれており海水中に放出されています。特に沸騰水型原子炉を持つ原子力発電所は、原子炉からタービン、復水器と圧縮された同じ蒸気が流れているため冷却水などから漏洩の可能性が比較的高いといえます。

　なお、宇宙からは、電離放射線のガンマ線、非電離放射線である可視光線や赤外線などが地球に到達しています。一般的には非電離放射線は、放射線に含まれません。この他わずかにアルファ線（陽子の流れ）やベータ線（電子の流れ）も地上に到達していますが、ほとんどが地球の磁場（フレミング左手の法則［Fleming's left hand rule]）によって北極、南極の上空へ曲げられていきます。

（b）放射性物質による環境汚染

　原子力発電所の事故で放射性物質が深刻な環境汚染を発生させた事件として、チェルノブイリ原子力発電所と福島第一原子力発電所事故があげられます。

　前者は、1986 年 4 月にウクライナの首都近郊で発生しており、ウクライナ、ベラルーシ、ロシアで膨大な人への被曝が確認されました。また、事故で発生・飛散した放射性物質が欧州に降下（フォールアウト［fallout]といいます）し、農作物に汚染が広がり、欧州の酪農製品にも放射性物質が混入し、農業に大きな被害を与えました。日本も欧州からの輸入品の制限を行いました。事故の原

因は、訓練不足による作業員が、重大な操作ミスをしたため異常な核反応を発生させたことです。明らかに人災による事故です。このような事故は内部事象によるものとされ、人為的なミスの他、機器・装置の故障などがあります。

後者は、2011年3月にわが国の福島県で発生した事故で、原子炉内で生成されている放射性物質が大量に飛散し、広い地域を汚染し、農作物などの汚染も起こしています。リスクの所在が不明確であり、消費者にそのリスクの性質についての情報に関する理解が困難だったことから、風評被害も問題になりました。この事故は、東日本大震災による津波が原子力発電所内に侵入し発生しました。このような事故は外部事象によるものとされ、自然の変化（地震、津波など）が原因とされます。しかし、予見できた災害に対して対処ができていなかった場合は、人災であるともいえます。

日本の原子力発電所に適用されている定期点検の技術基準は、多くを米国機械学会（ASME：American Society of Mechanical Engineers）で定めた規定を参考にして定められています。事故対処においては、次の管理が基本になっています。なお、この考え方の前提として原子力発電所では、設計基準を上回る甚大な事故いわゆる「シビアアクシデント（severe accident）」においては、第一に「原子炉を止める」、第二に「原子炉を冷やす」、第三に「放射性物質の封じ込め」を基本にしています。

1）フェールセーフ（fail safe）
　　システムに故障または、誤操作、誤動作による障害が発生した場合、事故にならないように確実に安全側に機能するような設計にすることです。
2）フールプルーフ（fool proof）
　　作業員などが誤って不適切な操作を行っても正常な動作が妨害されないことをいいます。人間は誰でもミスする可能性があるとの前提のもと、もしミスを犯した場合でも事故が発生しないようにするための考え方です。
3）インターロック（interlock）
　　誤動作を防止するための方法で、条件がそろわないと操作が行われない

ようにすることです。

　これら方法は原子力開発と同時に失敗を想定しての莫大な分析（フォルトアナリシス［fault analysis］）を行っています。重大事故に至る確率の評価は、確率論的リスク評価（Probabilistic Risk Assessment：PRA）を導入し、異常事象を想定し、その後の経過を分析し、安全装置が故障する確率などを算出し、原子炉の設備の破損などが検討されています。福島第一原子力発電所の事故では、ETA（Event Tree Analysis）が行われ、事故の状況を時系列に事象を整理していき、その際に行った対策が成功だったか、失敗だったかを細かく分析しています。この結果に基づいて、再発防止を図ることができます。しかしこれら方法は、内部事象に関する内容が主になりますので、気候変動なども視野に入れたさまざまな外部事象に対しての分析もさらに詳細にして、環境に関する影響も実施していくべきであると考えられます。

　放射性物質は、通常の環境汚染と同様に大気汚染、水質汚濁、土壌（地下水）汚染、海洋汚染を引き起こします。原子力発電所の放射線管理区域には、放射性物質が存在しており、事故が発生すると各媒体（大気、水質、土壌）に拡散する可能性があります。リスクの現状把握及び再発防止を確認するには、一般的な環境法令と同様に濃度規制、総量規制及びモニタリング（測定監視）は必要です。

　他方、これまでにフィールドで人類が行った核実験によって、それ以前には存在しなかった放射性物質が地上に複数確認されるようになっています。この核物質が、環境中で何らかの影響を引き起こしている可能性があり、食物連鎖などで高濃度に存在していることも懸念されます。原子力発電所の事故で環境中に放出される放射性物質（放射性同位体）は、膨大な種類があると考えられますが、主要なものの性質を次に示します。

1）ヨウ素131
　　核実験や原子力発電所事故で大量に放出される放射性物質（放射性同位

体）として、最初に最も注目される物質にヨウ素131（^{131}I）があります。原子炉内では、原子力発電の燃料であるウラン235が核反応する（中性子の照射を受け核分裂）する際に、約3％弱の確率で生成されています。半減期が、8.02日と短いため、1ヵ月足らずで16分の1、3ヵ月程度で2000分の1程度の存在比に低下し放射線によるリスクは低下します。崩壊が終了すると、原子核が変化し、最終的には安定な同位体であるキセノン131（^{131}Xe）という元素になります。

2）セシウム137

　放射性物質汚染の状況把握のためにセシウム137（^{137}Cs）が注目されます。その理由は、半減期が、30.1年と比較的長く、長期間放射線を出し続けるためです。地球上に存在するセシウム137は、ほとんどが人為的に生成されたものです。人の体内に不可欠なカリウムによく似た性質を持っているので、摂取された後吸収され全身に広がる可能性があります。体内に取り込まれると、放射線を出し続け、ガン発症などのリスクが懸念されます。いわゆる内部被曝（体内が放射線に曝されること）が発生するおそれがあります。崩壊が終了すると、バリウム137（^{137}Ba）という元素になります。

3）ストロンチウム90

　原子炉内でストロンチウム90（^{90}Sr）という放射性同位体が生成されています。半減期は28年で長期間環境中に存在します。カルシウムに化学的性質が似ているため、体内に摂取されると、骨や骨髄に蓄積されるおそれがあり、骨髄細胞を傷めるため白血病を発生させることが懸念されています。

4）プルトニウム239

　地球にあるウランの99.275％を占めるウラン238に中性子を照射・吸収させることによって、プルトニウムが生成します。プルトニウムは、ウラン235のように核反応を起こすことができ、プルサーマル、あるいは高速増殖炉で核燃料になります。一時は、原子爆弾の原料として原子炉で大量に製造されました。プルトニウム239は、半減期が約2万4100年あり、人が管理していくには極めて長い期間となります。なお、自然界にも少量

のプルトニウム(^{239}Pu)が存在しています。
5）トリチウム（水素3）

　トリチウム（^{3}HまたはT）は、水素（H：原子核に陽子一つのみ）の放射性同位体です（三重水素ともいいます）。核利用施設の排水中に含まれており、海水中に入ると通常の水と同様の挙動を示し拡散していきます。核実験でも生成され、大気中に放出されています。雨水にも超微量ふくまれていますので環境中に存在しています。

6）クリプトン85

　環境中に存在するクリプトン85（^{85}Kr）のほとんどは、ウランやプルトニウムを原子炉などで人工的に核分裂させた際に生成したものです。プルトニウムやウランを回収するために再処理が実施されるとクリプトン85が発生し、環境中の濃度が高まっています。核兵器が作られる以前と比べて約1,000倍になったといわれています。クリプトン85は、半減期が10.76年と比較的長期間ですが、不活性（反応性が低いこと）であるため、人体に取り込まれても体内にとどまる可能性が低いと考えられています。

　この他、原子核が変化した放射性同位体であるクリプトン81（^{81}K$_r$）は、約5万年から約80万年までの年代測定にも用いられています。

　なお、運搬車両については「放射性同位元素等車両運搬規則」で規制されています。エネルギー製造を目的とする原子力発電以外で放射線が発生する場所については、ICRP（International Commission on Radiological Protection：国際放射線防護委員会）の勧告に基づいた法令が施行されています。

　ICRPとは、電離放射線の曝露に関連していたガン及びその他の病気防止、並びに環境保護に貢献する活動をしている国際機関です。構成メンバーは、約30ヵ国からの放射線リスクの保護分野における主要な科学者が集まっており、この他、政策立案者を含む200を超える国からも参加している国際的NGO（Non-Governmental Organization）団体となっています。事務局は、スウェーデン・ストックホルムにあります。1928年に放射線医学の専門家を中心とし

て「国際X線およびラジウム防護委員会」(International X-ray and Radium Protection Committee：IXRPC) として創設し、1950年に医学分野以外も活動の対象にし、現在は、本委員会と4つの専門委員会（放射線影響、誘導限度、医療放射線防護、委員会勧告の適用）があります。

また、OECD/NEA、IAEA、ILO、UNEP、WHO（諮問機関）、IEC、ISOなど多くの機関と連携しており、ICRPの勧告は、現在では、IAEAの安全基準の基礎となっており、わが国をはじめ世界各国の放射線のリスクに対する法令の基準作成の際に参考とされています。

核兵器の実験被爆や核の平和利用被爆（原子力発電所など）に対する一般公衆の基準として1954年に暫定線量限度、1958年に線量限度も勧告していますが、人への許容線量でないことを明確に述べています。勧告の考慮点として、「人類が直面している多くの危険の一つである電離放射線だけについて勧告を出すことは、電離放射線に無用の不安を引き起こす可能性があると懸念しており、電離放射線は恐れるのではなく注意して取り扱うことが必要である」としています。

1950年以降基準値が公表されており、重要なものとしては、1958年にPubl.1の勧告以来、1962年にPubl.6（最大許容線量）、1965年にPubl.9（許容限度）、1977年にPubl.26、1990年にPubl.60（線量当量限度）の勧告を改訂しています。1977年の勧告では、職業における被曝限度は、年間50mSv（ミリシーベルト）と定めていましたが、1990年の勧告では、職業被曝を年間20mSvと規制（実効線量限度）を厳しくしています。

(c) 放射線の利用

放射線は有害線がありますが、工業及び医学分野で透過性がある性質を有効に利用しています。工業用の透過写真など非破壊検査（超音波を利用することもあります）に利用されています。大きな建築物内部の損傷やタンカーの底の内部亀裂など目視できない部分の検査ができます。検査には、専門的知識を

持った国家資格者が必要となります。

　医学でも放射線が利用されており、エックス線を用いたレントゲン検査やコンピュータ断層撮影法（Computed Tomography Scan：通称、CT スキャンといわれています）などがあります。専門の国家資格者がこの操作を行います。これら医療関係の放射線の利用は、「医療法」の細則である「医療法施行規則」、及び「獣医療法」の細則である「獣医療法施行規則」で定めています。なお、放射線は使用しませんが核磁気共鳴画像診断法（Magnetic Resonance Imaging：MRI）も身体内部の状況の検査ができます。

　他方、前述の有害性が高いセシウム 137 は、有用な使い方もされており、放射線を用いた医学治療、トレーサーとして研究開発、工業用計測器にも使われ流量計などに利用されています。わが国の放射線医学総合研究所では、原子力発電所及び原子力施設事故に対処するための医療体制、測定、医療のための移動施設を整備（緊急被ばく医療施設）、放射線を利用したガンなど医療検査の開発（分子イメージング）、粒子線を使ったシンクロトロンによる、患部を適切に治療するシステム開発・実用化（重粒子線、新治療研究）などが進められています（引用：放射線医学総合研究所 HP アドレス http：//www.nirs.go.jp/rd/index.shtml より）。

　事業場内の労働者の安全に関しては、「労働安全衛生法」の細則である「電離放射線障害防止規則」によって規制されています。この規則では、作業時におけるエックス線作業主任者及びガンマ線透過写真撮影作業主任者（専門的知識を持った国家資格者）が必要なことや、作業者の教育訓練、作業環境測定、健康診断の義務が定められています。また、診療放射線技師に関しては、「診療放射線技師法」で規制されており、資格関係などは、「診療放射線技師法施行令」及び「診療放射線技師法施行規則」で定められています。

（d）放射線ホルミシス効果

　わが国には、2,800 ヵ所以上の温泉があるとされています。昔から経験的に

上手に地熱利用をしていました。しかし、温泉地では、イオウ酸化物や放射性物質であるラドン（気体）など、放射線を発する化学物質も発生させています。イオウ泉から揮発する空気より重いイオウ酸化物は、土地のくぼみ（雪のくぼみなども含む）などに溜まり、まれに酸欠による事故が発生しています。他方、低レベルの酸性またはアルカリ性の酸性泉やアルカリ泉では、人の皮膚などに化学的に影響を与えます。しかし、温泉は、鎌倉時代から効能を目的に経験的知見に基づいた健康改善・維持に寄与させていました。江戸時代からは湯治も行われています。

　しかし、地下水を温める地熱がある地域には、ラジウム（Ra）など放射性物質が存在しています。ラジウムは半減期が1602年で、原子核が崩壊していき、一時ラドン（Rn）という化学物質に壊変します。ラドンは気体の放射性物質であり放射線被曝のリスクがあります。放射線は低レベルであるため慢性的な影響となります。ただし、このラドンなどによる被曝は、「一時的な低線量の放射線照射で、体のさまざまな活動を活性化する」とされる低放射線によるホルミシス効果（Radiation Hormesis）が得られるとの学説も発表されています。ラドン温泉やラジウム温泉といわれる温泉では、健康のために自ら進んで温泉水を摂取している人もおり、ホルミシス効果を謳った温泉では、伝説などで神格化されている場合もあります。学術的な健康増進の効果は、ミズーリ大学のトーマス・D・ラッキー（Thomas. D. Luckey、生化学者）によって米国保健物理学会誌1982年12月号総説で紹介されたことで注目されました。国内では電力中央研究所、岡山大学などで人の免疫細胞（及び自然治癒力）の活性化について研究が行われています。

　放射能泉は温泉の泉質の一種となっており温泉地に書かれた効能には、痛風、高血圧症、動脈硬化症、慢性皮膚病などがあげられており、飲用としては、痛風、慢性消化器病、神経痛、筋肉痛、関節痛などに効き目があることがあげられています。衛生面では、通常の温泉と同様に法令に従って都道府県保健所によって、陽イオン、陰イオン、遊離成分などが分析されています。

　わが国の温泉法では、温泉の定義として、ラドンの含有を定めており、放射

性物質としての有害性は問題にしていません。法律（温泉法第2条第1項）で「温泉」とは、地中から湧出する温水、鉱水及び水蒸気その他のガス（炭化水素を主成分とする天然ガスを除く）で、次に掲げる温度または物質を有するものと定めています。

法律で定める温泉とは

・温度（温泉源から採取されるときの温度）：25℃以上
・物質（以下に掲げるもののうち、いづれか一つ）

物質名	含有量（ミリグラム／キログラム）
遊離炭酸（CO_2）	250以上
リチウムイオン（Li）	1以上
ストロンチウムイオン（Sr）	10以上
バリウムイオン（Ba）	5以上
水素イオン（H）	1以上
ヨウ素イオン（I）	1以上
ラドン（Rn）	20（100億分の1キュリ1単位）以上
ラジウム塩（Raとして）	1億分の1以上
など	

　自然の中にも放射線を発するものは複数あり、主なものは、食物、花崗岩など大地、宇宙から降り注ぐ宇宙線及びラドンです。食物（事故によって放射性物質が含有したものは除外）及び大地から放射される放射線は地域によって大きさの違いはありますが、一般生活で支障のない範囲と考えられています。地上に降り注ぐ宇宙線（放射線）の量も地球が生まれたときから大きく変化していないため、人体には大きく影響することはないと考えられます。

　ラドンに関しては、標準状態が気体であり、半減期が数時間から3.8日程度であるため短時間で壊変し、ポロニウム（Po）など個体の放射性物質になります。したがって、呼吸で吸い込んだものが体内に存在している間に固体（放射性元

素）に変化し、体内の細胞内に入り込むことが懸念されます。肺胞に付着したラドンは放射線を出し続けることとなり、肺がんの原因になるとされています。ラドンは、地下水に溶け込んだり、地下にガス状で存在しており、地下室や地下水を利用すると気圧の低くなった地上のシャワー室などで吹き出し、高濃度になることがあるため注意しなければなりません。

❸紫外線

宇宙から放射されてくる有害な光には、太陽からの日光に含まれる紫外線（ultraviolet rays：UV）もあります。紫外線は、地球が誕生してから長い間地上に降り注がれ、生物の誕生を遮ってきました。紫外線は、放射線ほどではありませんが、電離作用（原子を負または正イオン化する作用）を有し大きなエネルギーを持っています。波長が短く高いエネルギーを持つ紫外線（UV-C）は、生体に深刻な障害を与えます。オゾン層によってこの紫外線はほとんど遮断されていますが、すり抜けてくるものもあります。したがって、太陽光線に長時間曝されてしまうと、皮膚、目、免疫系に疾病を引き起こすおそれがあります。感受性の強い若い細胞を持つ子供にアレルギーが発生することが問題となっています。オゾン層の破壊によって紫外線が強くなったことによって、つばの大きい帽子や紫外線を遮断する薬剤を皮膚に塗らないと外出できない子供も増えています。また、皮膚へのダメージとして、加齢を進めます。

紫外線は、波長の長さにより次の3つに分類されており、それぞれ物理的、化学的性質と有害性が異なっています。

1）UV-A（ultraviolet-A）：長波長紫外線　波長 320-400 nm

　　可視光に近い波長で有害性は比較的低いですが、人に照射される紫外線の約9割以上を占めています。皮膚内部に入り込む性質が強いため、皮膚の加齢やDNAへの損傷が懸念されています。自身に吸収された紫外線量を自覚することができないため、防御しないまま長期間を経過してしまい、健康被害を発症してしまう可能性があります　UV-Aの有害性を防止する

ための指標として、PA（Protection Grade of UVA）値が使われています。「＋」（効果がある）、「＋＋」（かなり効果がある）、「＋＋＋」（非常に効果がある）の3段階に分けられています。

UV-Aの皮膚への吸収を防ぐクリームが市販されており、UV-B防止効果（指標：SPF値）があるものと一緒になったものが多くあります。

2）UV-B（ultraviolet-B）：中波長紫外線　波長 290-320 nm

日焼けの原因で、悪化すると皮膚やけどを生じます。皮膚のメラニン色素を増やしてシミ、そばかすの原因にもなります。UV-Bは角膜をとおって、水晶体まで届いてしまうため、白内障などを起こします。人のDNA（遺伝物質、タンパク質の合成・複製の情報伝達物質）の光の吸収スペクトルが250nm前後に存在していることから、過度に人体に照射されるとエネルギーを大量に吸収してしまいDNAを損傷し皮膚ガンの発生のおそれがあります。

UV-Bから人体を守るための効果の指標として、SPF（Sun Protection Factor：日光防御指数）値が一般的に示されています。SPF値は、（防御剤を使用しての炎症が発生する紫外線量／防御剤を使用しないで炎症を発生させる紫外線量）となっており、SPF30ならば、紫外線防御剤（クリームなど）を使用することによって、炎症を発生させるリスクの紫外線量を30分の1にすることができます。数値が大きいほど防御率が高まることになります。

3）UV-C（ultraviolet-C）：短波長紫外線　波長 100-290 nm

最も波長が短く、エネルギーも高いため、最もハザードが大きい紫外線です。しかし、オゾン層にほとんど吸収されます。

オゾン層が破壊されると紫外線がそのまま地上に到達してしまい、地上での生命の存在は不可能となります。生物は4～5億年前のオゾン層がなかった時代のように海面下10メートル以上で生息するしかなくなります。オゾン層の破壊が進んだことで、すでに地上の生物に影響が出始めています。また、炭化

水素など人類が環境中に放出した化学物質と紫外線が反応し、光化学オキシダント（強い酸化性の化学物質です：または光化学スモッグ）の発生が増加しています。

オゾン層の破壊の原因となっているものは、フロン類、ハロン類です。フロンは、商品名で、米国ではフレオンという商品名の方が一般的に使われています。化学物質としては、CFC（Chlorofluorocarbon）といいます。「オゾン層の保護のためのウィーン条約」に基づいた「オゾン層破壊物質に関するモントリオール議定書」で国際的に規制されており、わが国は既に生産・販売は禁止されています。

❹地球温暖化

大気中に地球温暖化原因物質が増加したため、地球の大気中に異変が起こり始めています。地球温暖化原因物質の中でも人為的に最も大量に放出されているのは、化石燃料などの燃焼で生じる二酸化炭素です。大気中の二酸化炭素の成分割合が増加し始めたのは英国で産業革命が始まった1750年頃からです。

地球温暖化が国際的に問題となったのは、世界各地で発生した気候変動の原因として取りあげられたからです。地球は、現在氷河時代で現在氷河期に向かっていますので、気候変動の原因は地球冷却化が原因とされてきました。しかし、NASA（National Aeronautics and Space Administration：米国航空宇宙局）やMIT（Massachusetts Institute of Technology：マサチューセッツ工科大学）などの科学的データが次々と示され、現在では地球温暖化が気候変動の原因であるとの学説が主流です。二酸化炭素濃度がこのように増加したのは、氷床コアの分析により過去65万年間にはなく、これまでの地球の歴史から考えて気候に大きな変化があってもおかしくはないと考えられています。気候変動は、異常気象を生じさせ、人類の生活環境にさまざまな被害を与えています。この異常気象の発生時期が少しずつ早まっており、規則的に変動していた気候もランダムな変動になりつつあります。

異常気象とは、WMO（World Meteorological Organization：世界気候機関）

では、25年に一度発生するような大きなものと定義しています。WMOとは、「世界気象機関条約」に基づいて1950年に設立され、1951年から国際連合の専門機関として各国気象機関と連携し、世界の観測データの収集・解析、気象用語及び観測基準の統一、気象学の研究・教育の推進などを行っています。ただし、わが国の気象庁では、現在より遡って30年間の状況を考慮して気温や雨量などの異常気象を定めており、平年値は10年毎に更新されています。

WMOによると地球温暖化による高潮、熱波、竜巻など自然災害によって、世界で毎年約25万人の犠牲者が発生していると報告しています。これら個別の被害を次に示します。

1）熱波

　　夏期に猛暑となると毎年のように異常気象のニュースが報道されます。冷房、暖房の発達・普及で快適な気温に調節することが可能になり、人類は気温の変化を敏感に感じるようになっています。福島第一原子力発電所の事故後、全国の原子力発電所が停止しましたが、その年の夏に「電気事業法」第27条に基づいて、一定規模以上の事業所に政府から節電の要請が出された際にも、冷房が利かないことに対して多くの人からのクレームがありました。

　　欧州では、2003年夏期に異常な高温が続き、欧州全域に熱波（気温が上昇し持続する現象のことです）による熱中症など健康被害が発生しました。欧州全体で約3万5千人が死亡したとされています。特にフランスの被害が深刻で、熱波が約2ヶ月間続き、パリでは38度を数回記録し、40℃を超えることもありました。パリの夏期の平均気温は約24℃で通常ならば涼しい地域であったため、フランス国内だけで約1万5千名が亡くなくなりました。高温や乾燥で農作物にも深刻な影響が発生し、森林火災が拡大する原因にもなりました。その後、フランスをはじめ欧州で熱波に対する対策が取られています。米国でも1980年と1988年に大きな熱波による影響があり、国際的な地球温暖化の検討のきっかけとなりました。

なお、熱中症は、疲れ・けんたい感、めまいなどに始まり、頭痛、吐き気、顔面蒼白、悪化すると熱けいれん、意識障害を起こし死に至ります。気温35℃前後から急激に発症者が増加する傾向があります。

2) ヒートアイランド

夏期にエアコンを利用することは一般化しており、気温が上昇するほど電気の消費量は大きくなります。電力消費のピークを迎えます。冷房は暑くなった室内の熱を外に移動させるヒートポンプであるので、暑くなるほど外に出される熱は多くなります。ヒートポンプとは、熱を低い方から高い方へ移動させるシステムのことをいいます。

自動車の燃料から発せられるエネルギーも、物を運ぶよりも大気への熱の放出に大部分が消費されています。また、自動車の運動エネルギーは、1トン以上もある自動車自体を動かすのにほとんどが消費されているので、人そのものの移動に使われるエネルギーは、燃料のほんの一部に過ぎません。

電車やさまざまな機器には多くのエネルギーが利用され、熱が発せられています。以前の地下鉄には、夏期でも冷房はありませんでしたが、技術開発によりさまざまな個所での省エネルギーが実現し、冷房が可能になりました。しかし、陸上に放出される熱は減少していません。電車が集中している都市では、莫大なエネルギーが消費され、膨大な熱が放出されています。

建造物に利用されているコンクリートや道路のアスファルトは、エネルギーを吸収し、また熱輻射（熱[赤外線]が放出されること）を高めています。この結果、大量の熱が都市周辺にとどまり、気温上昇を引き起こしています。都市では、降雨などは地下の下水に流され、雨水が蒸発し土地や大気から気化熱を奪う機会を減少させていることも相乗的に気温上昇を高めています。

このような要因により熱が一定の地域にストックされ、周辺地域と比較すると気温が1～4℃も上昇しており、等温線が島のようになっている現

象をヒートアイランドといいます。

わが国では、人口の4分の3が都市部に集中しており、東京の傾向は世界的に見ても著しいものがあります。ヒートアイランド現象が明らかに生じており、東京の夏期は亜熱帯に相当する気候となります。急激に発生した積乱雲が東南アジアのスコールに似た集中豪雨を発生させ、排水機能が低い都市に洪水を発生させています。その原因は、ヒートアイランドによって積乱雲を作る上昇気流を急激に強めたためと考えられています。ヒートアイランドと地球温暖化による気候変動は、都市部の大気を今後一層不安定にする可能性を高くしています。

条例による緑化の義務づけは、既に進められています。緑化条例は、当初は工場周辺での義務など景観を重視した面が強いものでしたが、近年ではヒートアイランド防止や二酸化炭素排出抑制策としての目的も注目されています。

3）伝染病

地球全体の平均気温が上昇すると、熱帯地方で発生しているマラリア、デング熱など伝染性熱病が拡大することが予想されています。媒介となっているものは、蚊、ダニや飲み水などです。病原体には、ウィルス、細菌などがあります。いったん伝染病が発見されると、媒介となっている虫など生物をすべて死滅させ拡大の防止が図られます。

マラリアを引き起こすマラリア原虫は、ハマダラカが媒介となり感染が拡大し、特に熱帯地域で多く発生します。デング熱は、ウィルス性疾患でネッタイシマカが媒介し感染します。熱帯や亜熱帯地方で発生しており、旅行者が帰国後発病することもあります。地下は比較的気温差が小さく、地下鉄など人工的な地下空間は気温が維持されることが多いため、熱帯性の病原体が冬になっても死滅しない可能性もあり、地球温暖化が悪化することを考慮すると今後注意すべきです。

4）竜巻

積乱雲が発達しているときには、激しい上昇気流が発生しており、内

部の気圧は低くなっています。その際に漏斗状の渦巻きが発生し、高速の上昇気流になり、陸上または海上の物を上空に吹き上げる現象を竜巻（tornado）といいます。気候変動により大気が不安定になると竜巻が起きやすくなると考えられています。米国では、年間約千個前後の竜巻が発生し、約50人が犠牲になっています。暖気と寒気が接することが多い温帯で発生しやすく、地形などの影響も大きいとされています。日本でもしばしば、陸上、湖沼、海上で竜巻が発生しています。

5）ダウンバースト

積乱雲の下で激しい下降気流（秒速90mになることもある）ができ、冷風が地表面に衝突して強風が水平方向へ拡がっていくダウンバースト（downburst）現象が発生することもあります。ダウンバーストは、水平方向に4km以上拡がるマクロバースト（macroburst）と4km未満のマイクロバースト（microburst）があり、マイクロバーストでは、激しい強風が吹きます。

航空機が巻き込まれると重大な事故に繋がり、建物や農作物に被害が発生します。積乱雲の中では、乾燥した空気で水滴が気化、または雹やあられが昇華することにより急激に温度が下がります。被害地では、局所的に数分間突風が吹き、気温が数度低下します。竜巻と同様に米国で比較的多く発生しています。わが国でもまれに発生しています。2003年10月には、茨城県神栖町及び千葉県成田市で発生し、多くの被害がでています。神栖町では、大型クレーンが突風で倒れ6人が死傷し、成田市では住宅の屋根が吹き飛ばされ、樹木が倒されました。このダウンバーストの発生源の近くには成田国際空港もあり、重大な被害のおそれもあったといえます。

6）雹

積乱雲の中で、雲流である氷の粒子や雪の結晶が上昇気流と下降気流に運ばれ、対流の中で上下するうちに成長し、「雹（ひょう）」または「霰（あられ）」になります。雹は、直径5mm以上の氷の粒をいい、5mm以下の

ものは霰といいます。大きなものは、稀にピンポン玉以上になり、おにぎり大になるものもあります。積乱雲は夏期によく発生しますが、地表表面の気温が高いと氷や雪の粒子が溶解するため、真夏にはあまり降らなく、5月〜6月に発生しやすい傾向があります。日本海側では、冬期にも季節風があるため積乱雲が生じ、雹を降らせます。雹は、農作物、住宅などに被害を発生させ、大きなものは外出している人を負傷させる可能性もあるため注意しなければなりません。

　屋根など住宅の被害の発生もあり、損害保険会社の大きな負担にもなっています。世界では、地球温暖化による気候変動で損害保険会社が倒産に追い込まれるケースも発生しています。

7）氷河湖

　氷河が溶解して出た水によってできた湖のことを氷河湖といいます。地球温暖化によってできていると考えられており、ネパールなど氷河が現存する地域で発生し、決壊したときの洪水災害などが問題となっています。日本には、富士山のほんの一部に氷河があるだけなので、氷河湖の心配はされていません。

　地球は現在約1万年前に終わった氷河期の後、次の氷河期までの間氷期であり、未だ氷河時代の途中です。学説によって異なりますが、約1万2千年〜2万年前には、地球上の多くの水分が氷河となっていたため、海面が120m以上低下していたと考えられています。その結果、陸地は現在より広く、日本は樺太、シベリア、朝鮮半島と陸続きだったと考えられています。

　また、氷河期の氷河の移動による浸食で海岸に作られたフィヨルドは、氷河が溶解したことで現れた自然の地形として有名です。大きなものは、ノルウェーの沿岸にあるソグネフィヨルドで奥域が200km、水深が1,300mもあります。現在多くのフィヨルドは、ノルウェーの海岸に見ることができます。この他には、カナダのブリティシュ・コロンビア州とノバスコシア州、アメリカのアラスカ州とメーン州、アイスランド、グリー

ンランド、アルゼンチン南部、ニュージーランドなどに存在しています。

次の氷河期までに、長い時間をかけて気温が低下していくと予想できますが、ここ数十年の急激な地球温暖化はさらに氷河を溶解しています。自然の地球温暖化と違って、人為的な地球温暖化は著しく速いため、自然現象にも突発的な変化が起こる可能性があります。

8）豪雨、洪水

災害が起こってから再度発生するまでの期間を再来期間といいますが、その期間が10年、20年、30年と長くなるに従って、その規模は大きくなります。気候変動は、その期間を短くしています。

地球温暖化がほぼ定期的に発生していたエルニーニョ現象を変化させ、世界各国の気候を変動させ、洪水を引き起こしていることは、ほぼ科学的に証明されています。農業をはじめ各種産業に大きな被害を及ぼしており、世界遺産（文化遺産）のチャンチャン考古地域遺跡（ペルー）なども多雨によって被害が生じました。

世界各地で、これまでに経験がない河川の増水による洪水が発生しています。わが国の河川は、水量が特に不安定で河状係数が非常に大きく［川の流れが速く］、土砂の含有量が多いことから豪雨による被害が発生しやすいといえます。また、地質的な構造がもろいところが多いことから、土石流に注意する必要があります。

一方、人口増加や都市開発で新たに開発された土地は、過去の災害事例を十分に調査し対策を施しておかないと、洪水や地滑り・土砂崩れなど新たな災害のリスクを高める可能性があります。以前には単なる自然現象だったものが、人への被害を生ずることで災害となります。したがって、気候変動によって災害発生のリスクが高まり、または災害規模が大きくなることによって、これまで災害が起こらないようなところでも、潜在的なリスクが急激に高まっている可能性があります。

大都市では、都市機能を優先して開発したため、ヒートアイランドによる豪雨などは想定していません。また、再来期間が短くなった洪水などの

対処も今後の検討課題といえます。自然における水の循環では、降雨は土壌にしみこみ、一部は蒸発、または植物の光合成に利用されます。コンクリートに覆われた都市では、自然の洪水調整の機能を失っているため、人工的に新たな巨大な洪水調節施設などが必要になっています。いわゆる社会的なコストが新たに次々と追加されています。

9）海面上昇

　気温上昇による極付近の氷河（氷床や氷帽）、山岳氷河や積雪の溶解は、海面を上昇させています。氷床とは、大陸を覆うような氷河のことをいい、氷帽とは、大陸氷河と山岳氷河の中間に相当する氷河のことをいいます。また、山岳氷河が山麓に達して合流し、氷原になった状態を山麓氷河といいます。特にグリーンランド氷床の溶解は大きく、陸上の淡水が急激に海に流れ出ています。IPCCでは、グリーンランド氷床及び西南極氷床が完全に融解すると、それぞれ最大7m及び約5mの海面上昇を引き起こすことを予想しています。

　地球温暖化の熱による海水の膨張も、海水の容積を増加させ、海面上昇を大きく助長しています。前述の通り1万数千年前の氷河期にくらべ現在は、120m以上海面が上昇しており、極めてゆっくりとした海面上昇を人類は経験しています。しかし、現在の地球温暖化による急激な海面上昇は初めての経験となります。

　海面上昇による被害は、小島嶼においては既に影響が発生しています。小島嶼では、浸水、高潮、浸食などが深刻な被害を及ぼしており、生活の基盤も失われつつあります。例えば、南太平洋のギルバート諸島南東方向にあるツバル（Tuvalu：国名）では、平均海抜が1.5メートル程度しかないため、海水による塩害、洪水が既に発生しています。海岸の侵食が5年間で50mもあり、水没の恐れが高まっているため、国外移住計画が進められています。なお、ツバルは、総面積が約26平方kmで人口1万1,000人の小さな国です。また、気候変動は降水量減少をもたらし、小島嶼に水資源を減少させ、水不足も発生させています。ツバルをはじめ、カリブ海

の諸島や太平洋の諸島などの多くの小島嶼でも懸念されています。

　他方、先進国でも英国では、「ロンドン塔」などテムズ河岸の世界遺産が、水位上昇によって建築物が影響を受けているとの報告もあります。

10）砂漠化

　地球温暖化と砂漠化に関しては科学的にまだ関連が解明されていませんが、地球の陸地の4分の1が砂漠化の恐れがあると考えられています。毎年約600万ha（ヘクタール；1ha=100m × 100m）の割合で増加しており、灌漑や過剰な放牧など人為的な活動が原因としてあげられています。砂漠化の被害として、農作物の生産量や家畜生産力の減少が既に発生しています。

　東アジアや中央アジア内陸部の砂漠化（タクラマカン砂漠、ゴビ砂漠や黄土高原）が進んでおり、砂が舞い上がり偏西風によって黄砂が日本海を越えて日本へ運ばれています。砂漠化の拡大によって黄砂の量も増加しています。黄砂の成分には、石英などの鉱物や雲母、カオリナイト、緑泥などの粘土鉱物及び微量の鉄化合物などが含まれており、人為的に排出された大気汚染物質であるアンモニウムイオン、硫酸イオン、硝酸イオンなども検出されています。

❺生態系の変化

（a）これまでの生物の絶滅

　宇宙は、約137億年前に生まれたとされています。宇宙の物質が引力によって引きつけられ約46億年前に地球が作られました。物質がぶつかり合ったときに、運動エネルギーが熱エネルギーに変わり、地球誕生から約5億年間は灼熱の状態だったとされています。このため、この約5億年の記録は岩石の中にも残っていません。その後、地球表面の温度が低下し海ができ、学説によって異なりますが約30億年から35億年（または38億年前）に嫌気性（酸素がなくても生息します：発酵）のバクテリアが生まれ、その後藍藻類（青や藍色をした藻類）が発生して光合成が始まります。この光合成で作られた酸素が、その

後の地球上の好気性（酸素と有機物の燃焼でエネルギーを得ます）生物が生息する環境を作りました。当時と同様に藍藻類と堆積物が重なり合ったストロマトライトは、メキシコ・コアウィラ州・チワワ砂漠クアトロシエネガス（Cuatro Cienegas）やオーストラリア・西オーストラリア州・シャーク湾（Shark Bay）に現存しています。ストロマトライトの最も古い化石は、約38億年とされています。このとき放出された酸素は、地球上（大気と海水）の鉄を酸化させました。世界遺産となっているオーストラリアの酸化鉄（Fe_2O_3）の山であるエアーズ・ロックは、その酸化で作られました。約8.5億年前は、1年は約435日あったとされており、地球は現在より早く自転していたと考えられ、生物が発生した頃はさらに1年の日数が多かったと推測できます。

　学説では、生物はその後気候変動などによって数回絶滅の危機に瀕していることが発表されています。

　古生代後期のペルム紀（古生代の最後で約2億9000万年前から約2億5000万年前までをいいます）末に発生した大量絶滅では、海中に生息していた生物の約96％、すべての生物種で90％から95％が死滅しています。三葉虫はこの後絶滅しています。三葉虫とはカンブリア紀（約5億4000万年前から約5億年前まで）から海中に生息していた海生節足動物で多くの種類があります。絶滅の原因は、シベリアで起こった大規模な火山活動で二酸化炭素が大量発生し、大気中の二酸化炭素濃度が急激に上がり地球温暖化が発生したことで気候が大きく変動したためと考えられています。海水温も上昇し深海の海底にあったメタンハイドレート（氷に閉ざされた状態でメタンが含有した氷塊）も気化しメタン（温室効果係数22）となり、大気中に放出されことでさらに地球温暖化が進んだとされています。海水に二酸化炭素が溶け込み炭酸（水素イオンが酸性の原因です）となり、酸性化が発生したことで海生生物の絶滅に大きく影響しました。

$$H_2O + CO_2 \rightleftarrows H_2CO_3 \rightleftarrows H^+ + HCO_3^- \rightleftarrows 2H^+ + CO_3^{2-}$$

気温上昇に伴って海面上昇が起き、海岸線が水面下となり食物連鎖が崩壊したことも原因の一つとなっています。海水温の上昇で海流が変動、または止まったことも影響していると指摘している研究報告もあります。

これらの現象は、IPCCの報告にある現在の地球温暖化による気候変動などの現象とよく似ています。

また、地球外からの突然の影響で生物が絶滅に瀕したこともあります。白亜紀(約1億3800万年前から約6500万年前)後期の約6550万年前に、メキシコのユカタン半島に直径約10kmの小惑星が激突したとされています。現在でも直径約300kmにおよぶ巨大なクレーターが残っています。この地層には、小惑星や彗星に多く含まれているイリジウム及び衝突で発生した石英が多量に含まれていることから、この仮説は高い信頼性を得ています。なお、地球には毎年3,000個以上もの隕石が落下しており、直径が1kmを超えるようなものは10万年から100万年に一度落下しているとされています。そして、800m以上の小惑星が約1,000個、地球軌道の周囲にあるとされています。

6550万年前に地球に衝突した小惑星は地上で巨大な爆発を起こし、多くの生物と自然を破壊しました。その後、立ち上ったちり、エアロゾル(aerosol:微細な固体または液体粒子が気体中に浮遊しているものです)で地球が覆われ日傘効果を生じ、気温の低下が起こりました。その後気候が不安定になり著しい気候変動が発生したと考えられています。白亜紀の穏やかな気候は一変し、繁殖していた生物は絶滅の危機に直面することとなりました。約2億3000万年前から6500万年前まで地上に繁栄していた恐竜をはじめ翼竜、魚竜、首長竜などの爬虫類、及びアンモナイトなどの軟体動物も絶滅しました。

この衝突により地球内部の火山ガスが大量に放出されたため、大気中の二酸化炭素の濃度が急激に上昇し地球温暖化が発生しています。これにより、極地方の氷が溶解し海面が上昇して現在の陸地面積の3分の1以上が海に水没したと考えられています。また、火山の爆発によって二酸化イオウが大量に発生し、強い酸の雨が降ったことも生物への被害を拡大させた原因としている説もあります。なお、火山から放出される二酸化イオウは、環境中では刺激臭がある無

色の気体で、人体への刺激性があり、粘膜を傷つけ、中毒も発生させ、常時吸引すると気管支炎や結膜炎などを引き起こします。比重が空気の2倍以上あり、地表に滞留しているため、くぼみなどに生物（人も含む）が落ちると窒息死する可能性があります。水に容易に溶け、いわゆる酸性雨（亜硫酸）の原因となり、金属をはじめ多くのものを腐食します。温泉地などの妖怪伝説には、この二酸化イオウの有毒性に基づいたものが複数あります。

　現在、米国を中心として地球に衝突するおそれがある小惑星や彗星を観測しています。宇宙の現象は、地球内部の現象とは異なり、万有引力の法則などに従っていますので、比較的正確に衝突の日時が計算できます。恐竜は、宇宙からの予想もしなかった災害により絶滅に瀕してしまいました。人類は、これを予想することはできるようになりましたが、このような事態にどのように対処するのかは現在のところ不明です。対して、宇宙開発の際に極めて危険な存在であるスペースデブリ（宇宙ゴミ：衛星同士の衝突などで地球のまわりの軌道を超スピードで周回している）も問題となっています。軌道周回の運動エネルギーが減少すると重力に引きつけられて地球上に落ちてきますので、高い危険性もあります。宇宙開発による環境リスクも拡大しています。

　一方、約24億5000万年前から22億年前と、約7億3000万年前〜6億3500万年前に全球凍結（またはスノーボールアースといわれています）という地球全体が氷河に覆われた時代もあったとされています。この際にも生物の大量絶滅があったとされていますが、詳細は研究中です。ただし、この厳しい環境下で多細胞生物の出現など、生物進化が行われたとの学説が現在検証されており、今後の結果が注目されます。

　また、多くの学者が、現在の地球は次の大量絶滅の危機に瀕していると警鐘を鳴らしています。人類のさまざまな活動は自然環境を破壊しており、これまでの大規模な生物絶滅の自然変化に類似していることを懸念しています。大気中の二酸化炭素濃度の上昇、地球温暖化による海面上昇、気候変動、海水の酸性化、海流の変動と、前述の生物絶滅の原因が一致しています。

(b) 生物多様性の崩壊

　ワニ、蛇など熱帯地方及び亜熱帯地方に生息する大型の爬虫類は、約2億年前（古生代）に出現し、爬虫類全盛時代の生き残りであると考えられています。肉食性で、食物連鎖の頂点に属しています。その他、カメ類、魚類、鳥類、両生類、小型の哺乳類も恐竜が絶滅した気候変動を乗り越えた生物です。その後新たな生態系が作られ、地球上に合理的なシステムを持つ自然が作り上げられました。

　他方、人は、他の種であるペットと種間における関係を築きました。しかし、希少な動物をペットとすることに価値を見いだしたり、生き物を「もの」のような価値としか捉えなかったりする人もいます。興味がなくなったペットは「もの」のように捨ててしまうこともあります。動物を自然に放すことは、逃がしてやるといった感覚を持つ人がいますが、これは全くの間違いです。

　わが国に今では一般的に存在しているホテイアオイ、シロツメ草、ムラサキイガイ、アメリカザリガニ、ミドリガメ（ミシシッピアカミミガメ）、ブラックバスは、海外から入り込み繁殖したものです。街の至る所にいる猫も奈良時代（8世紀頃）に仏教経典とともに日本に運ばれてきたとされています。アライグマは、ペットとして輸入されたものが捨てられたり、逃げ出したりして国内に生息してしまいました。ブラックバスは1900年代初頭から米国より持ち込まれ、意図的に放流され繁殖していきました。その後一般的なフィッシング対象の魚となりました。

　生態系の変化を懸念してわが国では「特定外来生物による生態系等に係る被害の防止に関する法律」（外来生物法）を2005年6月より公布と同時に施行しました。この法律によって環境省が指定した「特定外来生物」は原則として輸入や販売、飼育などが禁止となっています。ただし、人の手によって日本に持ち込まれたペットなどが自然の中で繁殖するのは、至って自然な行動をとっているにすぎません。人の都合で生死も管理されてしまっています。人に選ばれた生物のみが自然の中で生息することができます。しかし、生態系や自然にはまだ人によって解明されていない知見が莫大にあります。

図表 2-8　外来種：セイタカアワダチソウ（背高泡立草）

　外来種であるセイタカアワダチソウは、北米原産で、身近な草むら、河原などに群生しています。1mから2m以上になり黄色の花をつけ、種子と地下茎で増殖します。根から周囲の植物の成長を抑制するという化学物質（アレロケミカル [allelochemical]）を放出する「アレロパシー（Allelopathy）」という性質を持っており、自身の成長も抑制します。明治時代末期に観賞植物として移入され、沖縄から北海道まで全国に繁殖しています。北上しているとの報告もあります。外来生物法により要注意外来生物に指定され、駆除活動が行われています。ススキなどの在来種と競合しており、セイタカアワダチソウの勢いが衰えてきた土地に再び在来種が繁殖してきています。

　ペットとしては、犬、猫、カメ、ヘビ、カブトムシなどあらゆるものが対象となり、動物園でも見かけないような種類も売買されています。漢方薬の原料として、トラ、サイ、クマなど絶滅の恐れのある動物の器官や組織を取引していることも多く、問題です。野生のトラは高額で売買されているため、20世

紀初頭に推定で約10万頭存在していたものが近年では数千頭に減少してしまいました。象牙やべっ甲(タイマイ)、サンゴなど生物由来の物品は、所有していることが生物多様性を崩しているという感覚を持つ人はあまりいません。希少動物は個体数が少なくなるほど経済的な価値が上がり、悪質な密猟者にとっては魅力的な商品になっていきます。カニ、ウニ、アワビ、カキ、ハマグリなど漁猟でも同じです。ただし、漁業魚種の資源保護に関しては、わが国では「漁業法」に定める漁業権で「漁業権または組合員を営む権利の侵害行為の防止」を目的として規制されています。

　富士山は、自然破壊が原因で、世界自然遺産としての政府推薦ができなかった過去を持ちます。その後、文化遺産(山頂の信仰遺跡群や登山道、富士山本宮浅間大社、富士五湖、忍野八海など25ヵ所)として、2012年1月に日本政府(文化庁、環境省及び林野庁共同)によって推薦され、2013年5月にユネスコ(United Nations Educational, Scientific and Cultural Organization：UNESCO[国連教育・科学・文化機関])の世界文化遺産に関する諮問機関であるイコモス(International Council on Monuments and Sites：ICOMOS[国際記念物遺跡会議])によって現地調査がなされ、同年6月22日に登録が決定しました。しかし、観光客の増加によってさらに自然破壊が進行することが懸念されます。屋久島では、環境破壊によって樹齢1000年以上の屋久杉が倒木してしまっています。観光による経済効果と環境保全は、不可分なものですので持続可能な観光を慎重に対処していくべきです。

　屋久島(屋久島国立公園)は、1993年12月に白神山地とともに日本で初の世界自然遺産に登録されました。屋久杉は、樹齢1,000年以上のものを指します。屋久島の土壌に栄養分が低かったことで長寿命になったと考えられています。縄文杉の樹齢は、大きさからの推定で7,200年、または内側空洞から採取した木片の科学的計測値で2,170年とする説などあり明確には解明されていません。明治時代の地租改正時に島の90％以

上が国有地(1873年)とされ伐採が制限されましたが、経済的に逼迫したため保護区以外の杉を2001年まで伐採しました。

世界自然遺産に指定されてからは、多くの観光客が訪れ、登山口(大株歩道入り口)に近い位置にある屋久杉「翁杉(樹齢約2000年)」は、2010年9月に根が傷み枯れてしまいました。縄文杉は、観光客が近づけないように立ち入り場所が制限されており、根の傷みなどがないように保護されています。

図表2-9　世界自然遺産：屋久島(縄文杉)[鹿児島県熊毛郡屋久島町]

他方、わが国には、自然をコモンズとして無駄な殺生はしないといった考え方がありました。1854年3月に米国(東インド艦隊司令長官のマシュー・カルブレイス・ペリー[Matthew Calbraith Perry])と江戸幕府で締結した日米和

親条約の細則として同年6月に米国総領事のタウンゼント・ハリス（Townsend Harris）と結ばれた下田条約（全13箇条）の第10条に次に示す興味深い規定が定められています。

日米下田条約（日米和親条約付則13ヶ条）

第10ヶ条〔遊猟の禁止〕
・鳥獣遊猟は、すべて日本において禁ずるところなれば、アメリカ人もまたこの制度に伏すべし。

江戸時代末期にわが国を訪れた米国艦隊の乗組員が、自然の鳥獣を遊猟（猟をして楽しむこと）していることについて、江戸幕府が特別に禁止を求めています。当時の日本人には、狩りをして遊んでいることに違和感があったのではないかと思われます。

図表2-10　水辺の自然生態系

写真の左に生えている葦は、茎が水ぎわに立っていることから泥が溜まりやすくなっています。根元には複数の微生物も生息し、栄養分などが分解されています。食物連鎖が活発で水生生物や鳥類が多く集まってきます。したがって葦が群生していると自然浄化の高い機能があります。インド、タイなどでは、汚染した河川や湿地の浄化にも利用しています。

　葦が生い茂る水辺は、複数の野生動植物が存在する生態系を作っている重要な地域といえます。水辺が護岸でコンクリートの構造物が作られてしまうと生態系が失われてしまいます。渡り鳥も来なくなる可能性があります。

　狩猟で食物連鎖の頂点に立つ鳥獣を殺すことは、自然の物質循環を変化させてしまいます。この循環によって植物の繁殖、湖沼の浄化、水生生物の生息が維持されています。狩猟は自然には大きなダメージとなります。壊された自然について元の機能を取り戻すのは極めて難しいといえます。物質循環が損なわれると環境汚染が発生し、悪臭、病原体の発生など、さまざまな被害のおそれがあります。人の手によってこの被害に対処するには、大きな環境コストを要することとなります。娯楽を目的とした狩猟は、自然を無駄に消費していると考えられます。

（ｃ）生態系の変化による人へのリスク

　地球温暖化による気候変動では降雪の減少や植生の変化、農業人口の減少による耕作放棄地の増加、都市開発などによる森林の減少などが起こっており、野生生物の生息域が変化しています。この影響により国内のシカ、イノシシ、サルなどが生息域を移動しています。さらに狩猟の減少などで個体数・生息域を拡大してきています。

　地球温暖化の影響では、温暖な地域に生息していた昆虫類を北上させています。北海道には今までいなかったカブトムシが増殖しており、九州に生息していた蝶の一種であるナガサキアゲハは現在東北にまで生息するようになり、ク

マゼミは北陸や南関東で頻繁に確認されるようになりました。農作物も、害虫の生息域が拡大したことで新たな害虫対策が進められ、生産地の北上で米など主要な作物に新たな品種改良が必要となり既にさまざまな対処が行われています。また、都市が拡大すると夜の照明も増え、野生動植物の体内時計も乱れてしまいます。体内時計とは、生物が昼と夜など自然のリズムと調和して生きていくために持っている生理機能のことをいいます。この機能が乱れると生物の健康状態が悪化してしまいます。都市では夜に、蝉が鳴き、昆虫が照明のまわりに集まり、一部の植物の成長が夜も促進されます。

　他方、2011年3月に事故を起こした福島第一原子力発電所周辺の避難区域では、取り残された家畜が人の手から離れ野生化しています。例えば、豚がイノシシと交配し生まれたイノブタが増殖してしまい、人家などに多大な被害を発生させています。

　独自の生態系が形成されている島は海で隔たれているため、他の地域から新たな動植物が持ち込まれたり、気候変化や開発などによる特定種の増殖・絶滅などで、固有の生物に変化が生じ始めており大きな脅威となっています。例えば、屋久島には外来種のタヌキが住み着き、奄美大島では野生化したヤギが繁殖しています。複数の島でシカが増えすぎています。

　鳥獣の狩猟に関しては、銃など危険な道具を使用するため「鳥獣猟規則」が1873年（明治6年）に制定されています。その後、1895年（明治28年）に「狩猟法」、1918年（大正7年）に「鳥獣保護及狩猟ニ関スル法律」へ改正されました。1963年の改正ではじめて「鳥獣の保護」も視野に加えられ、1971年まで林野庁、以後は環境庁（現 環境省）が所管し規制が実施されました。

　しかし、一般環境中に、シカ、イノシシ、サルが急増し、自然環境中における生態系が破壊され、農林業や自然植生へ深刻な被害が発生し、その他人の生活などへも損害が多発しています。その結果、保護のあり方について政策の変更を余儀なくされています。2002年に制定された「生物多様性基本法」で「生物の多様性」とは、「様々な生態系が存在すること並びに生物の種間及び種内に

様々な差異が存在することをいう」（第2条1項）と定義されており、特定の種が繁殖してしまうと、当該法律の目的である「豊かな生物の多様性を保全し、その恵沢を将来にわたって享受できる自然と共生する社会の実現を図り、あわせて地球環境の保全に寄与すること」に反してしまいます。

　環境省ではこの現状に対処するために、2014年4月に「鳥獣の保護及び狩猟の適正化に関する法律」（鳥獣保護法）を見直し、シカ、イノシシなどの適正な個体数を管理するために「狩猟により捕獲できること」と定め、法律名称も「鳥獣の保護及び管理並びに狩猟の適正化に関する法律」（鳥獣管理法）と改正しました。都市開発で住処（すみか）を失った鳥獣が単に駆除されると、生物多様性が失われてしまうことが懸念されます。鳥獣被害防止のための捕獲のみを中心に実施されると、また種間のバランスが変化してしまいます。

　ただし、鳥獣による農作物への被害防止については、2007年12月に別途「鳥獣による農林水産業に係る被害の防止のための特別措置に関する法律」が制定されています。こちらは農林水産省が所管となっており、いわゆる縦割り行政となっています。この法律は、市町村が「総合的な取り組みを主体的に取り組むこと」に対して支援を行うことを目的としています。

　「文化財保護法」では、「天然記念物」及び「特別天然記念物」として、特定地域のカモシカ、シカ、ニホンザルなども保護しており、上記の鳥獣対策との関係が難しくなります。その他、「絶滅のおそれのある野生動植物の種の保存に関する法律」（種の保存法）では、絶滅のおそれのある種の保存等を行っているため、種間、生態系全体への影響を考慮した鳥獣管理を考えなければなりません。さらに、海外から入り込む生物を規制する「特定外来生物による生態系等に係る被害の防止に関する法律」（外来生物法）での、駆除を鳥獣管理（捕獲）と総合的に実施していくことも必要となります。

（2）拡大した環境責任

❶割れ窓理論

　1982年に米国の犯罪学者のジョージ・ケリング（George L. Kelling）と政治

学者のジェームズ・ウィルソン(James Q. Wilson)の共著で「アトランティック・マンスリー(The Atlantic Monthly)」誌(Volume 249, No. 3,pp29-38)に掲載された「割れ窓理論(Broken Windows Theory)」が犯罪防止の一つの方法として注目されました。

　この理論は、「一枚の割られた窓ガラスを放置すれば、それは他の窓ガラスをこわしてもかまわないというサインとなり、結果として他のすべての窓ガラスが割られてしまい、その結果犯罪発生につながる」というもので、1990年代、殺人など重大な犯罪が多発していた米国・ニューヨーク市のルドルフ・ジュリアーニ市長(在任期間：1994～2001)が、ケリングを顧問としてニューヨークの治安回復策に取り入れました。まず、軽微な犯罪から取り締まり、重大な犯罪の予防を図り、7年間で重大犯罪は激減し、この対策は成功を収めたと高い評価がされています。ただし、1990年代の米国では大統領クリントン(William Jefferson Clinton)・副大統領ゴア(Albert Arnold "Al" Gore)政権が推進した情報スーパーハイウェイ構想(Information Superhighway)も成功し、景気が良くなったことが社会状況の改善につながっていました。「割れ窓理論」以外にも犯罪減少の要因はあり、この理論による対策と有機的に関連していたと思われます。なお、情報スーパーハイウェイ構想では、国家的情報基盤(National Information Infrastructure：NII)[1992年から]及びグローバル情報基盤(Global Information Infrastructure：GII)[1994年から]を整備する政策で、世界におけるインターネットなど電気通信・情報処理分野を飛躍的に発展させました。

　「割れ窓理論」は、環境保護に関して不法投棄防止に関して研究されています。安易に捨てられたゴミや人目を逃れて捨てられた粗大ゴミなど、一つ捨てられてしまうと「悪いことと思いながらも捨ててしまう人」も多く次々と同様な行為が発生しゴミの山ができてしまうことがあります。まず、ゴミを捨てないこと、次に、捨てられ放置されているゴミは、山のように捨てられる前に小忠実に清掃を行うことが、遠回りでも清潔な環境秩序を維持する有効な方法となります。

「特定家庭用機器再商品化法」（家電リサイクル法）、「食品循環資源の再生利用等の促進に関する法律」（食品リサイクル法）など複数のリサイクル法で、廃棄物を捨てる際には法令により費用がかかるようになり不法投棄が増加しました。そもそも一般公衆はゴミが環境コスト（社会的コスト）であるとの意識が低かったため、身近な場所に捨てられるゴミがなかなか減少しません。一般廃棄物（家庭ゴミ）の減量化策として多くの自治体でゴミ袋を指定し有料にしたことから、駅や高速道路のゴミ箱に家庭ゴミを捨てる人が増えました。街のゴミ箱や公的なゴミ回収場所に、危険なもの（中には感染性のリスクが高い注射針などもあります）、食品関連飲食店のゴミなどまで捨てられるようになり、マナーがない人の増加が顕著となっています。「割れ窓理論」における悪化するシステムの考察が正しいことを証明しています。また、企業も社会的責任としての意識が低いところは大規模な不法投棄をしてしまいます。「廃棄物の処理及び清掃に関する法律」によって規制を厳しくすると、却って不法投棄を請け負って利益を得ようとするものまで現れます。

　法令によって取り締まりを厳しくことも有効な方法ですが、フリーライダーは必ず発生します。多くの人に不法投棄は悪いことであることを理解させるための地道な啓発活動も重要な方法です。

　従来よりも身近なゴミ問題となっているものに、多くの市町村で頭を悩ましている「タバコの吸い殻のポイ捨て」や「花見、花火、お祭りなどイベント時に散乱したゴミの山」があります。人が集まるところや道ばたには、ほぼ必ずといってよいほど煙草の吸い殻が投げ捨ててあります。ポイ捨てゴミには周辺住民が困っている例がたくさんあります。喫煙による煙は、その行為自体がまわりの人にも健康リスクを発生させます。これら問題の対策として、罰則を伴った条例（都道府県や市町村が定める規制）を設け、警察による規制を可能にしている自治体もあります。駐車違反の取り締まり員のように監視員を設けたり、投棄した人の名前を公表していることもあります。地域によって状況は複雑でまちまちと考えられますので、「割れ窓理論」を考慮し、さまざまな対

処手法を組み合わせて進めていくことが妥当と思われます。

　利己的行為が、注意もされないまま放置されていくと、秩序は崩壊し、さまざまな悪質な事件に繋がっていく可能性があります。環境問題は、エゴの積み重ねで起こるものもたくさんあり、これらは身近なところで対処が必要となっています。しかし、割り込みをしている人、タバコのポイ捨てをしている人に注意をしても、黙認している人、またはこのような行為をする人が多数派の場合、却って反発を招くおそれもあります。慎重に対処していかなければなりません。

　今後は、見えない廃棄物である二酸化炭素など気体の環境破壊物質の放出についても「汚染者負担の原則（Polluter Pays Principle：PPP）」に基づいた身近な具体的対処を広げていく必要もあります。

　なお、前述のゴア元副大統領は環境問題解決策に積極的に取り組んでおり、1992年に出版した『地球の掟』（"Earth in the Balance：Ecology and the Human Spirit"〔Houghton Mifflin, Boston〕全416頁）は、ベストセラーとなりました。この年にブラジル・リオデジャネイロで開催された「環境と開発に関する国連会議（United Nations Conference on Environment and Development：UNCED）」を成功させた重要な政治家でもあります。その後、2006年に公開されたドキュメンタリー映画「不都合な真実（An Inconvenient Truth）」も大ヒットし、同名の著書も出版されています。

❷ライフサイクルマネジメント

　国際標準化機構で定めた規格であるISO14001に代表される環境マネジメントシステム（Environmental Management Systems：EMS）は、企業における品質管理の検討から始まりました。品質管理（Quality Control）とは、日本工業規格では、「買手の要求に合った品質の品物又はサービスを経済的に作り出すための手段の体系」（JIS Z 8101）とされています。生産現場では、1950年代からPDCAが品質管理や生産管理の重要な手法（分散分析や仮説検定といった統計学的手法の応用など）となりました。製造、営業、管理部門など全社的に品質管理活動を広げたTQC（Total Quality Control）も活発となり、その後、

マネジメント面も含めた活動になり TQM (Total Quality Management) とされました。

 PDCA サイクルとは、米国の統計学及び物理学者であるウォルター・シューハート (Walter Andrew Shewhart) が考案しました。計画 (Plan)、実行 (Do)、点検・評価 (Check)、改善 (Act) の手順で螺旋を描いて品質管理が向上していく手法をいい、このサイクルは継続的に行われていくことで改善を図ることができます。この進捗をスパイラルアップ (spiral up) と表現しています。シューハートは、1925 年に設立されたベル研究所で、通信システムの信頼性の向上（検査方法など）の研究（1956 年まで）をしており、研究成果は、"Bell System Technical Journal " に論文として発表しています。わが国では、シューハートの共同研究者である物理学者のエドワーズ・デミング (W. Edwards Deming) が、第二次世界大戦後の経済成長期にこの品質管理手法を紹介したことからデミング・ホイール (Deming Wheel)、またはデミング・サイクル (Deming Cycle) ともいわれています（デミングは、シューハート・サイクルと呼んでいます）。デミングは、Check を Study として、点検部分での検討の重要性を主張し、PDSA サイクルも提唱しています。

 人事管理や業務、プロジェクト評価などについてもそれぞれの立場に基づいて評価項目を作成し、PDCA サイクルを応用した検討も行われています。ただし、このようなソフトな面での管理では、関係者が明確な目的を持って実施していかなければ、重要な活動が形骸化してしまうことが懸念されています。目的を失って無理に書類作成のみを目指してしまうと、却って無駄な業務が発生し、「ばらつき」や「偏り」が生まれモラルの低下にもなりかねません。慎重な対応が必要です。

 環境マネジメントシステムについても、環境負荷を広い視点で検討した質の向上が求められています。2004 年 11 月には、ISO 9001 で定めている品質マネジメントシステム (QMS：Quality Management System) と ISO14001 の規定の「両立性という原則」と「明確化」により規格改定が行われています。この検

討の際に、調達業務など「サプライチェーンマネジメント」も今後の重要な取り組みであることがあげられています。

　原料採掘、移動、生産、組み立て、販売（移動）、リユース、リサイクル、廃棄物処分について環境保護を考慮したLCA、LCCを経営戦略の一環として、比較的長期間を見据えた計画が重要となってきています。この管理をライフサイクルマネジメント（Life Cycle Management：LCM）といいます。環境を配慮しない利益を求める経営戦略では、製品のライフサイクルを短くし、一つの製品のサービス量を減少させ、生産を増加させる無駄な資源消費をします。以前は、商品の短命化の研究開発も行われていました。しかし、商品の原料となる（経済的に採取できる）資源が減少し、使用済商品にも環境責任を持つ拡大生産者責任（Extended Producer Responsibility：EPR）が法令、産業界の自主規制によって義務化してきたことから、大量消費による単純な利益追求はできなくなってきています。いわゆる資源生産性（もの・サービスの量／資源投入当たりの財）の向上が必要となってきています。資源生産性の向上は、無駄を省き、生産効率を高め、さらに経営を持続可能にすることです。これは、人工的な「もの」を自然の循環に近づけることで達成されます。商品のライフサイクルマネジメントを考えた経営戦略を待たずに廃棄物を増加することは、資源生産性を低下させることになります。持続可能な経営は、次第に困難さを極めていくでしょう。

　企業におけるライフサイクルマネジメントの例として、WBCSD（The World Business Council for Sustainable Development：持続可能な開発のための世界経済人会議）とWRI（World Resources Institute：世界資源研究所）が中心となって世界の企業、環境NGO（Non-Governmental Organization）、政府機関などで構成される会議「GHGプロトコル（Green House Gas protocol）イニシアチブ」で「GHG算定基準」が発表され、国際的なガイドラインとなっています。「GHGプロトコルイニシアチブ」は、1998年に発足し、2001年9月に「GHGプロトコル」の第1版を発行した後、GHG排出に関するライフサイクルマネジメントを下記に示す3つの分類で算出する手法を提案しています。

1）スコープ 1（scope1）
　　企業が自社で使用する施設や車両（移動）から直接排出されるものです。
2）スコープ 2（scope2）
　　企業が自社で購入した電力や熱など、エネルギー利用による間接的な排出を対象にしたものです。
　　電力は、政府から電力会社毎に発表される化石燃料使用率（温室効果ガス排出係数 [t-CO_2/kWh]）を乗じて算出する必要があります。
3）スコープ 3（scope3）
　　サプライチェーンを含めた広い範囲を対象にした排出量です。サプライヤーへ情報提供が必要になります。
　　GHG（Green House Gas）とは、地球温暖化原因物質のことで、赤外線（熱）を吸収する化学物質です。IPCC では、二酸化炭素の吸収を 1 として他の物質について温室効果を数値（地球温暖化係数：global warming potential：GWP）で表しています。「気候変動に関する国際連合枠組み条約（United Nations Framework Convention on Climate Change）」に基づく「京都議定書（Kyoto Protocol）」で定められた地球温暖化原因物質は、二酸化炭素（CO_2）[1]、メタン（CH_4）[22]、亜酸化窒素（または一酸化二窒素：N_2O）[310]、ハイドロフルオロカーボン類（HFCs）[約 140～6,300]、パーフルオロカーボン類（PFCs）[約 6,500～9,200]、六フッ化イオウ（SF_6）[23,900] の 6 種類です。なお、カーエアコンなどで大量に使用された HFC-134a の地球温暖化係数は 1300 です。
　　※ [ ] 内は IPCC が公表している地球温暖化係数

　国際標準化機構で定めた環境規格（14000 シリーズ）でも GHG の排出、削減、測定・管理に関して規定した ISO14064 が定められています。また、2011 年 10 月にスコープ 3 発行後、経産省、環境省が中心となって作られた調査研究会で「サプライチェーンを通じた温室効果ガス排出量算定に関する基本ガイドライン」（日本版スコープ 3）が 2012 年 3 月に発表されています。

❸鉱物資源のマテリアルリサイクル

多くの鉱物資源は、経済的な採算を考えると、今後数年から数十年で調達が不可能になります。例えば、人類が昔から貴重な物として扱われてきた金は、これまでに14万〜16万トンが採掘され地上に存在しており、地下に埋蔵されている量は、4.2〜7万トンと推定されています（異なる機関の調査結果によって数値に食い違いがあります）。近年の年間採掘量が、2,500〜3,000トンですので、このまま続くとあと20年程度で枯渇します（2015年現在）。

金価格は、1970年代から1980年代に一度高騰し、その後オイルショック（1973年、1979年）などの影響で、金が市場に流入したため価格が下がりました。しかし、金は電気伝導性が非常に高く、化学的腐食にも強いため、電子部品などの高性能化に不可欠な材料です。高熱を反射するため、航空・宇宙産業で、金箔がジェット機やロケットの断熱材としても使用されており、工業的用途がさまざまにあります。残存量に限りがありますので、世界の経済状況によって変化しますが、長期的には価格は上昇しています。

装飾品などで一般家庭などに存在する金もマテリアルリサイクルされ、金材料に再生されています。中古金スクラップともいわれ、日本の都市鉱山の蓄積量は約6,800トンあり、世界に現存している埋蔵量の42,000トンの約16％になります。海水中にも0.1〜0.2ミリグラム／トンと超微量の金が含まれており（総量の推定：550万トン）、30年以上前から分離・濃縮が研究されていますが、現状でも採算ベースにはほど遠い状況です。ただし、近年商業ベースで大量に採掘されているサンドオイルも、以前は利用は不可能とされていました。何らかのブレークスルー（breakthrough）の可能性もあります。

その他、銀、銅、アルミニウムなどが価格が比較的高いため、中古スクラップとしてマテリアルリサイクルが行われています。特に銀の埋蔵量も推定27.3万トンと少ないため、希少金属となっています。銀の日本の都市鉱山の蓄積量も60,000トンと約22％も存在しています。他にもインジウム約61％、錫約11％、タンタル約10％と大量に存在しています（引用：経済産業省発表資料、独立行政法人物質・材料研究機構「元素別の年間消費量・埋蔵量等の比較資料」

[平成20年1月11日発表])。二次電池、ガラス・陶器釉薬の添加剤などで利用されるリチウムも注目されています。しかし、チリをはじめ多くの鉱山があり、化合物の形で地上に多く存在し、海水中にも約23,000億トン(約0.2ミリグラム/リットル)存在すると予測されており、経済的に安価に自然から採掘または濃縮回収される可能性もあります。

わが国では2013年4月から「使用済小型電子機器等の再資源化の促進に関する法律」(以下、小型家電リサイクル法とします)が施行(制定: 2012年8月)され、使用済み小型家電から次の物質の再資源化または熱回収が図られるようになりました。

使用済み小型家電から回収される物質類

鉄、アルミニウム、銅、金、銀、白金、パラジウム、セレン、テルル、鉛、ビスマス　アンチモン、亜鉛、カドミウム、水銀、プラスチック　　　　　(法第四条第四項)

15元素及びプラスチック(樹脂状の物質の総称)と対象物質があいまいに定義されています。プラスチックが含まれたのは金属類を回収した後の残渣に多く含まれるため、熱回収も再資源化に加え適正処理を推進するためと思われます。しかし、2013年10月10日に熊本で採択された「水俣条約(水銀条約)」で国際的に使用の禁止を進めようとしている水銀が含まれており、この法で資源としているところが疑問です。また、有害性が高い鉛、カドミウム、水銀は、EUでは使用(輸入製品の含有も含み)が原則禁止されており、全廃を目指している化学物質であるので再資源化することは矛盾です。

対象となる小型電子機器などは28種類が定義され、「一般消費者が通常生活の用に供する電気機械器具であるものに限る」とされています。さまざまなものが対象となっており、その例を次に示します。

第 2 章　もの

> **リサイクルの対象となる小型電子機器類**
>
> 電話機、ファクシミリ装置等、携帯電話端末、PHS 端末等、ラジオ受信機、デジタルカメラ、ビデオカメラ、DVD 等映像用機械器具、デジタルオーディオプレーヤー、ステレオセットその他の電気音響機械器具、パーソナルコンピュータ、磁気ディスク装置、光ディスク装置その他の記憶装置、ゲーム機、時計、炊飯器、電子レンジ、ドライヤー、扇風機など
>
> 　　　　　　　　　　　　　　　　（法第二条第一項、施行令第一条）

　これら使用済み小型電子機器などは、市町村が回収し、環境省が認定したリサイクル業者が再資源化することになっています。法では、国の補助も定められており、経済的な誘導も定めています。ただし、回収方法、対象品の具体的な範囲は、市町村が決めることとなっています。なお、携帯電話・PHS は専売店で、パーソナルコンピュータは製造したメーカーまたはパソコン 3R 推進協会が回収・リサイクルを行っています（送付は郵便局）。「資源の有効な利用の促進に関する法律」との関係が複雑です。

　また、特定家庭用機器再商品化法と違い、メーカーの拡大生産者責任による廃棄物の減量化を目的としたリサイクル義務はなく、この法は廃棄物の再資源化の促進を目的としたもので、「廃棄物の適正な処理」と「資源の有効な利用の確保」（資源供給）が謳われています。

（3）生活の変化

❶技術の発展

（a）ナノテクノロジー

　科学技術は日々進歩しており、原子のおおよその大きさであるナノメートルより遙かに微小な粒子（$10^{-15} \sim 10^{-18}$ メートル）である素粒子が研究されており、化学物質（分子）を構成している原子の内部を解明している段階です。世の中に百あまりある元素に加えてシンクロトロンによって新しい元素も作られ、化

学物質の構造式や化学合成を考えるのではなく、元素の構造から新たな化学的法則が見いだされようとしています。この先端科学の環境マネジメントは、個別の審査によるしかないのが現状です。

リチャード・ファイマンが1959年にカリフォルニア工科大学で行った講演で、原子レベルの微少な操作が潜在的に非常に大きな可能性を秘めていることを論じ、その後飛躍的に原子レベルの操作が向上しました。発生工学などバイオテクノロジー、通信機器などに不可欠なナノメートルサイズの加工技術など実用化を目指した研究開発が進められ、さらに微小な素粒子の世界の解明に関しても基礎的な研究が始まっています。これら最先端技術は、極めて高度な環境保全を実現する可能性を持たせていることと同時に、生体または生態系へ新たなリスク発生のおそれも懸念されています。

エリック・ドレクスラーが、1981年に米国科学アカデミー会報に載せた分子テクノロジーに関する専門論文では、「アセンブラーという機械に、炭素や酸素、窒素などを入れ、パンや肉など食べ物から自動車、飛行機に至るまで、原子から組み立てて作り出そう」という考え方を示しました。アセンブラーは、われわれの身の回りのものすべての物が約100余りの元素でできていることから、それら元素を組み合わせれば、どんな複雑なものも製造できるとしています。

その後もナノテクノロジーの研究開発が次々と進み、キセノン（Xe）など原子を使って文字を描くことが可能となり、100ナノメートル（nm）以下の3次元構造体も作り出すこともできるようになりました。また、生化学の面でも2ナノメートル（nm）しかないDNAも直接顕微鏡写真によって肉眼で見ることが可能になりました。微小な化学物質を操作することで開発の実用化、普及が期待できる分野としては、計測・センサー精度の向上、合成・加工・製造における微細制御、分子構造など制御による新規材料の生成などがあります。

バイオテクノロジーでは、10ナノメール程度の遺伝子の配列操作もできるようになっており、自然の遺伝子配列を化学的に生成することも可能になっています。無機物質の面からは、材料の軽量化、強度強化（鉄の約10倍）などで期待されているCFRP（Carbon-Fiber-Reinforced Plastic：炭素繊維強化プラス

チック）が実用化、普及の段階に達し、航空機や自動車、コンピュータへと市場に広がりつつあります。次世代の技術として無機炭素の精密な構造物によって特殊な性質を持つナノチューブ（carbon nanotube）やフラーレン（fullerene）が超強化材料、電子材料などに期待されています。

　これら製品は、原子レベルで制御され、構造解析が十分になされたものであるため、含有される成分のデータ管理が不可欠です。したがって、製品中に存在する化学物質の種類及びその構造は解析されていると考えられます。この情報は、インバースマニファクチャリング（逆工場）を実施する際に極めて有効です。使用済製品からマテリアルリサイクルまたはケミカルリサイクルを高い制御のもとで実施できます。製造と使用済製品の処理処分がドレクスラーが考えたアセンブラーに近い概念となります。

　ナノテクノロジーで化学物質制御が可能になるとLCAにおける基礎情報は飛躍的に向上し、使用済製品は資源としての価値が高まります。さらに、製造、処理処分工程における環境負荷を減少させる可能性が拡大します。この結果、原子レベルで製品が実施されることで、無駄な化学物質（またはコスト）となる廃棄物が減少していくことが期待できます。なお、新たに生成される化学物質などのSDS（Safety Data Sheet）の事前の整備は予防の観点から非常に重要です。

（b）水素社会

　人類は、火を使いだしたときからエネルギーを生活に利用してきました。火は、「もの」を燃やし酸化させたときに発生します。人類は、その熱と炎の性質を経験的に学習し、生活の中に利用してきました。薪や炭などバイオマスを利用する際にはその成分である炭素と水素が、空気中の酸素で酸化されています。火力発電では、その際に発生した熱を利用してタービンを回し電気を作っています。

　これからの普及が期待されている燃料電池では、酸化の方法が変わり、水素を空気中の酸素と反応させその際に電気を発生させます。その際に電気の1.5倍のエネルギーの熱が発生します。また水も生成します。

$$2H_2 \quad + \quad O_2 \quad \xrightarrow{\text{e-(電気の発生)}} \quad 2H_2O \quad + \quad Q(熱エネルギー)$$

　熱エネルギーが大量に発生するため、家庭用燃料電池が普及し、都市部で使用された場合、ヒートアイランドを助長します。これまで都市部に送電されていた電気は遠く離れた地方で莫大な熱エネルギーを発生させていましたが、そのエネルギーが都市部に集中してしまうこととなります。これまでも地方において、この熱エネルギーが温排水として海に捨てられていたため発電所の周辺海域の水温を上昇させていました。この対処として、燃料電池で発生した熱を家庭の給湯などに利用しています。また、巨大なエネルギーを得る原子力発電所や火力発電所とは異なり、発電のオンオフが比較的早く可能であり、無駄な発電が非常に少なくなり、発電効率も高いため、消費エネルギーは大幅に削減できます。

　また、燃料電池のみで電気を供給する住宅地域を開発すれば、送電線は不要になります。海外のように送電分離で電力事業が行われると、僻地の送電コストが非常に高くなることから送電価格が高く設定される可能性があります。米国、カナダなど広大な国では都市部から離れた家では、化石燃料による自家発電で電気の需要を確保しています。カナダ、米国などでは、エネルギー効率の良い家庭用燃料電池が既に普及しています。わが国においても同様になる可能性があります。メリットとして、大雪やその他自然災害で住居が孤立してしまったときに家庭に水素ガスを貯蔵しておけば、生活用のエネルギーの確保ができるようになります。燃料電池の酸化反応では水が発生しますので、中東の国では飲料水としての利用を開発している国もあります。電気と一緒に生成される水の有効な利用方法も期待されます。デメリットとして燃料の水素ガスはボンベなどで個別に購入しなければならないため、家庭の出費は大きくなると予想されます。しかし、人口密度の低い地域はガスをプロパンガスで供給されている場合が多いことから、この既存の供給システムを利用することになると思われます。ただし、エネルギーは爆発、火災など危険性がありますので、装

置メーカー及びエネルギー供給業者によってリスク分析を十分に行っておく必要があります。

　他方、燃料電池自動車（Fuel Cell Vehicle：FCV））が普及することによって世の中の多くの物質及びエネルギー資源を消費している自動車及びそのインフラストラクチャーも変化します。自動車は、まず従来のエンジン車にモーターによる駆動を備えたハイブリッド車（Hybrid Vehicle：HV）が普及しました。研究開発が進み燃費が飛躍的に向上し、エンジン車に劣らない走行性能も備えたことが電気で走る自動車を一般化させたといえます。さらに、プラグインハイブリッド┐┐┐車（Plug in Hybrid Vehicle：PHV）で、電気自動車面を強くしたといえます。電池の開発も進み、電気のみで走行する電気自動車も同時に普及しました。ただし、一般公衆がこれまでに自動車を動かすような大きな電気エネルギーを蓄える電池を使用することがなかったため、安全面の整備は重要です。既に大容量リチウム二次電池を使ったノートパソコンの発火事件が世界で相次いでいます。いずれ携帯電話にも普及しますので、リスク分析は不可欠です。電気のみで走る自動車の場合、走行中にエネルギー補給するための燃料スタンドなどインフラストラクチャーがまだ整備されていないため、エンジン車と変わらないような使用を期待するのは、現状では困難です。わが国のように特定地域に人口が集中し、山岳地帯などが非常に多い国では燃料補給地点を普及させるには時間がかかると考えられます。ガソリン車の燃費が1990年に比べ格段に良くなったため、2000年以降既にガソリンスタンドが減少し、人口密度が少ない地域ではガソリン、軽油、灯油を入手するのが困難になってきています。

　エンジン自動車から、燃費性能が高いハイブリッド自動車（駆動部分がエンジンとモーター：HV[Hybrid Vehicle]）、プラグインハイブリッド自動車（プラグ電源から充電機能を持ったHV）が普及し、走行時には排気

がほとんど発生しない電気自動車、燃料電池自動車へ変化が進んでいます。プラグインで電気を供給する自動車は、インフラストラクチャーとして新たに電気充電スタンドが必要になります。走行時の環境負荷を検討する場合は、遠く離れた地域にある発電所における状況を調べる必要があります。

図表 2-11　電気自動車用充電スタンド

　電気自動車は、電気のみでモーターを走らせることから電気制御も従来のエンジン車に比べコントロールが容易になってくると予想されます。衝突防止機能、自動運転など、さらに開発が進むと思われます。ただし、リチウムを使用した二次電池は大型化すると、航空機でも発火による損傷が問題になりました。電気エネルギーの大容量化に関する研究開発は、国際的な重要なテーマですので、既に国家的なプロジェクトが始まっています。多くの産業界でコンソーシ

アムなどで検討を行い、安全対策も図っていくことが望まれます。

　燃料電池自動車は、走行は電気自動車と同じです。したがって電気自動車です。駆動させるための発電を自動車内部で行っているところが異なります。このシステムはエンジン自動車と同じコンセプトです。また、家庭用燃料電池と同じエネルギー発生システムですから、燃料電池自動車を家庭用電源としての開発も行われています。既に電源を燃料電池自動車から供給する住宅を開発した住宅メーカーもあります。燃料電池自動車は、燃料を水素スタンドで供給することもできますが、水素ボンベをスーパーなどで購入することも可能です。水素ボンベは300気圧以上になりますので、安全面での対処が必要です。ボンベ自体、金属を使わない素材など新たな開発が進められていますので、法令もその状況に合わせて改正されています。以前より研究開発が行われている水素吸蔵合金が利用できる可能性もあります。

　　米国のように広い国では生活には自動車の使用が不可欠です。わが国の地方においても同様です。電気自動車、燃料電池車が普及すると電気通信機能などがさらに発展し、写真のようなラフな自動車利用は変化してくると考えられます。ここ100年での交通の変化がそうであったように、これからまた変化していきます。自動車自体ほとんど鉄でできており、1トン以上もあり、人の移動では便利な乗り物ですが、エネルギー、鉱物資源に関しては無駄の塊です。わが国やシンガポールなどの都市のように電車、地下鉄、バス、タクシーで移動が気軽にできる地域は既存の交通システムで使用される動力を変更することになると予想されます。交通需要マネジメント（Transportation Demand Management：TDM）の検討が進むことによって、電気で駆動する自動車やLRT（Light Rail Transit：軽量軌道交通）をはじめ、あらたな交通システムなど公共交通機関などとの連携の必要性がさらに高まり、自動車の自動運転など技術面での効率化、安全性向上が開発されていくと予想されます。

図表2-12　自動車中心社会（米国）

　自動車はガソリンスタンドで給油、電気は送電線から給電される、熱源はガスといった状況が変わってくると思われます。個別家庭で電気の供給が可能になると災害時のエネルギー対策にも機能することが期待できます。また家庭内のエネルギーコントロールと電気通信を利用したIT（Information Technology）がさらにリンクされ、新たな機能が付加されると予想されます。家庭、地域、及び国家規模のエネルギーマネジメントシステム（Energy Management Systems：EMS）が大きく進展し変化するでしょう。例えば、携帯電話やノートパソコンも水素燃料源を入れ替えるだけで電気が供給されますので、煩わしい充電が不要になります。自動車のエンジン音による騒音も著しく低下し、環境問題の一つが大きく改善されます。ただし、これまでの習慣で人はエンジン音で自動車事故のリスクを回避していましたが、歩行者にとっては却って危なくなってしまう可能性があります。エンジン音をわざわざスピーカーから出して安全確保を行っていますが、電気自動車がさらに普及してくる

と交通システム自体の変更が必要になってきます。その他自動車整備が全く異なってくることや、住宅と自動車との関係、自動車レンタル・リースなど大幅なコンセプトの変革も必要となります。トヨタ自動車は、2014年12月15日から世界に先駆けて燃料電池自動車の市販を始めています。

　しかし、燃料電池車はモーターや二次電池など新たな装置、部品がたくさんありますので、廃車の際にこれまでと異なる大量の廃棄物が発生します。自動車自体の資源循環における新たなLCA情報の分析が重要となります。LCCまで十分に検討し合理的な運用が必要です。また、電気自動車の場合、発電事業者によって作られた電気がどのような方法で作られているのかを調べ、LCAによる環境負荷を発生させているのか算出しなければなりません。前述のスコープ2による算出もその一つの方法です。燃料電池自動車の場合、水素の生成の仕方を調べる必要があります。天然ガス（主成分：メタン）などを改質して作られると、水素生成過程でメタンが分解して分離された炭素が二酸化炭素となり発生しています。第1章で述べた通り、天然ガス採掘時に多くの環境負荷を発生させています。自動車に関わる大気汚染規制を自動車メーカーから水素生成事業者へと代える必要があります。

(c) 新たなリスク

　これまでの環境汚染、環境破壊は、新たな技術や人間活動によって引き起こされており、予見することが極めて難しいのが現実です。科学技術は、新たな形状を持った化学物質や、これまで地球上に存在しなかった化学物質及び遺伝子操作された生物を生み出すこともできるため、新たな環境汚染や破壊の懸念を生み出す可能性が高まります。ハザードと発生頻度、確率も不明です。これらネガティブな面での対処としては、これまでの判明しているハザードを参考にして、化学物質の場合、構造などから推定、生物（微生物など）の場合、対象となる生物の経験的に判明している最も高いハザードを当てはめ、技術的に極力曝露を下げることを前提としてリスクが検討されます。当初の遺伝子組換えガイドラインや新規物質（半導体など）の取り扱いでは、高度な技術を用い

物理的な封じ込め（外部への放出）によるリスクの低下が実施されています。

　一般的なリスク管理では、前述の原子力発電所で実施されているフェールセーフ、フールプルーフ、インターロックが実施されています。これらは、研究施設、工場などで詳細な解析（フォルトアナリシスなど）に基づき計画されています。個々の企業では、CSR（Corporate Social Responsibility）及び経営管理の重要な自主規制として業態に即した形で検討しています。

　しかし、原子力発電所では内部事象に関し徹底した対処を行っていましたが、2011年に発生した福島第一原子力発電所事故では、外部事象に関し十分な検討を行っていなかったことが原因で大きな災害を発生させてしまいました。原子力発電は、ウラン235の原子核に中性子を照射し、核反応（核分裂）を発生させ莫大な熱を得ることによって電気を生み出しています。いわゆる、ナノテクノロジー（または原子の大きさよりも小さいレベルでの操作）に基づいています。高速増殖炉（核分裂）による発電、核融合発電も同様のリスクが存在するため事前の評価と対策が必要です。今後、研究が本格化する素粒子研究においてもリスクに関する事前評価は不可欠です。

　慢性毒性が問題となっているアスベストによる発ガン、たばこによる人体への有害性などは、物理的な刺激などがハザードとなっていることから、微少な物質の作成が可能になると新たな有害性のおそれもあり、適宜検討を行っていく必要があります。

　他方、原子レベルの材料（環境省ではナノテクノロジー材料と称しています）が引き起こす「ヒトの健康、動植物へ影響をもたらす可能性」について、環境省・ナノ材料環境影響基礎調査検討会『工業用ナノ材料に関する環境影響防止ガイドライン（2009年）』（19～20頁）で、「ナノ材料については、ヒトや動植物に対する影響について一定の条件の下で実施された試験結果が数多く報告されているものの、有害性評価が実施あるいは確定されるまでには至っていない。」と述べています。また、このガイドラインでは、米国環境保護庁（U.S.EPA：U.S.Environmental Protection Agency）などの機関がレビューした知見に結果に基づいて次のリスクに関する指摘が示されています。

1）ヒトの健康への影響

　　ナノ材料のヒトへの影響に関しては、ヒト細胞などを用いた in vitro 試験と哺乳類（げっ歯類）を用いた in vivo 試験のさまざまな結果が報告されています。なお、ナノ材料に特化した疫学調査は報告されていません。社会的注目も集めているのは、多層カーボンナノチューブを遺伝子変異マウス（アスベストに感受性が高く中皮腫の発生が早いマウス）の腹腔内に注入した試験の事例であり、一定期間にわたる観察により、クロシドライト（青石綿）での発症率を上回る中皮腫の発現が報告されています。

2）動植物への影響

　　ナノ材料の動植物への影響に関しては、主に、水生生物を用いた試験の事例があります。動植物へ与える影響については、ヒト影響の研究以上に、得られる情報が少ないのが現状です。ナノ材料を被験生物に曝露する方法についても、そのサイズをどう設定すべきか、それをどう制御すべきか、標準となる試験方法が固まっていません。

3）ナノ材料の特徴と影響メカニズム

　　ナノ材料は、ヒトの健康あるいは動植物へ影響を及ぼす可能性を示唆する試験結果が報告されています。一般に化学物質がそれらに影響を及ぼす場合、化学物質そのものが本質的に持つ有害性（個別の物質が固有に持つ化学的性状）の他、分子の形状・サイズや酸性度などの物理的な特徴が生物に影響を及ぼし得ることが知られています。ナノ材料についても、それぞれの化学的組成（炭素、チタン・銀などの金属など）の違いによって影響の種類や程度が決まるだけでなく、「サイズが小さいこと、表面積が大きいこと及び活性酸素の生成能力の複合作用が、肺損傷の重要な要素になっている（U.S.EPA（2007））」とした報告があるように、ナノ材料がナノスケールであるがゆえに持つ特性に起因する影響が懸念されることが指摘されています。

以上のように原子レベルの粒子の人体及び動植物へ与えるハザードに関して

は、何らかの影響の可能性があると考えられていますが、十分に自然科学的な解明には至っていないのが現状です。また、まだ具体的な症状も不明なことから汚染による被害が発生しても原因究明が難しいといえます。また、事前の対処を図るにもまだ知見が十分ではありません。

❷環境コミュニケーション

（a）LOHAS（ロハス）

　米国の社会学者ポール・レイ（Paul Ray）と心理学者シェリー・アンダーソン（Sherry Anderson）が1998年にLOHAS（Lifestyles Of Health And Sustainability：ロハス）という「健康や持続可能性に関して明確な意志を持ったライフスタイル」の概念を提唱しました。LOHASは、エコロジーやオーガニック（化学肥料・殺虫剤を用いない）な生活を重視したものです。自然素材の製品など日用品全般（石けん、シャンプー、ハンカチ、食器、衣類、ベビー用品など）などがLOHAS商品として扱われており、その概念は拡大しています。

　既に提唱されていたスローフード（Slow Food）や新たに創造されたスローライフ（Slow Life）といった生活様式もLOHASの概念に含まれています。

　明確な定義はありませんが、スローフードは、ファストフードに対して食材から作り上げるような料理で伝統的な食文化などが対象になります。1986年にイタリア・ローマにファストフード店が出店した際に、ファストフードに対する言葉として伝統的な食文化をイタリア人のカルロ・ペトリーニ（Carlo Petrini）が「スローフード」と称し反対運動を行いました。1989年にジャン・アンテルム・ブリア＝サヴァラン（Jean Anthelme Brillat-Savarin）が「人は喜ぶことには権利を持っている」との考えのもと、「地元で採れるしっかりとした食材を使い、安全で安心な食事を楽しもう、健康的な食事を、食事を通じてゆとりのある生活を大切にしよう」と述べ、世界にスローフードの概念が広がるきっかけを作りました。そして地産地消、有機農業などが注目されました。ただし、高付加価値な有機農業とフードマイレージを減らす地産地消は、厳密には全く異なる目標を持っています。

一方、「効率・スピード優先ではなく、ゆとりのある生活」が「スローライフ」（または、Slow living）という言葉で表現されるようになりました。電話やインターネットなど電気通信の発達で時間に余裕がない生活や「忙しい」時間が継続している生活など、「自分を失う」ような生活から離れて時間にとらわれない、ゆったりとした生活をイメージしています。リゾート地で時計がない部屋で時間を忘れてのんびりすることにも解釈が広がり、さらにエコツアーなども含まれるようになりました。

図表 2-13　リゾート地におけるスローライフ（タイ・プーケット）

　スローライフの概念が広がり、リラックスした生活を送ることも含まれるようになりました。リゾート地へのツアーも対象となります。さらに、エコツアーもこの概念に含まれるようになりました。エコツアーとは、「ecology」と「tourism」の合成語であるエコツーリズムに生態学的な視点を持つネイチャーツアーが加わり融合してできた言葉です。自然を旅行するツアー全般がエコツアーと呼ばれるようになりました。世界自然遺産ツアーも含まれます。文化遺産、複合遺産などが混合しているものもあります。

また、「LOHAS なビジネス」となると、自然エネルギー、省エネルギー、有機農作物、漢方薬、サプリメント（健康食品）、粘土を使ったおもちゃ、安全性が高い化粧品など身近な商品まで対象としています。ただし、有機農作物、漢方薬は必ずしも環境保護につながらないため、科学的な検討が不足しています。この他、環境団体などへ一部売り上げを寄付している商品、花粉症対策のマスク、日焼け止めクリーム、ぬいぐるみなども LOHAS 商品とされています。したがって「環境に優しい」、「体に良い」といった不明確な言葉が随所に使われるようになりました。

他方、フィランソロピー（Philanthropy：慈善）やメセナ（mécénat：文化の擁護）活動も、社会貢献、環境倫理の面から環境保護活動と一緒に取り扱われるようになりました。倫理的活動を「エシカル（ethical）」活動と表現されるようになり、「エシカルファッション」（ethical fashion）をはじめ、「エシカルコンシューマー（ethical consumer）」、「エシカルコンシューマリズム」、「エシカルジュエリー（ethical jewelry）」などがあります。英国ではじまり世界に広がった「グリーンコンシューマー（green consumer）」に類似の活動が概念を広げて行われています。エシカルファッションでは、オーガニックコットン、リサイクルコットンを使用した衣服、天然染料を使用して繊維を染色したもの、フェアトレードをしていることなどが定義となっています。国際的な「エシカルファッションショー」も開催されています。

以前には、1965 年の国際連合経済社会理事会で米国の国連大使アドライ・スチーブンソン（Adlai E. Stevenson）が「人類は、小さな宇宙船に乗った乗客である」と講演し、「宇宙船地球号（spaceship earth）」という考え方が国際的に広がりました。人類が地球上で生きるために必要な自然の概念が最も重要と考えられます。LOHAS の概念は広がりすぎて明確な定義は不明ですが、地球における「持続可能性」が基本であると考えられます。1972 年にスウェーデン・ストックホルムで開催された「国連人間環境会議（United Nations Conference on the Human Environment）」では、「宇宙船地球号」がスローガンとして注目されました。この概念は、リチャード・バックミンスター・フラー（Richard

Buckminster Fuller)によって1947年に考えだされたものです。フラーは、閉鎖された一定空間（セル）で人間が持続可能な生活をすることを考え、ジオデシックドームといわれる複数の建築物を建て、当時は国際的に注目されました。フラーは、20世紀のレオナルドダビンチといわれる天才でした。

しかし、1991年に米国アリゾナ州オラクルで「バイオスフェア2(Biosphere2)」（バイオスフェア1は地球）という閉鎖された建築物の中を地球にたとえ、人工的に持続可能な世界を実現するための実験が行われましたが、失敗に終わりました。8人の科学者が2年間過ごし、持ち込まれた多くの生物はほとんどが死に絶えてしまい、人工的な生態系では持続性を維持することは不可能であることがわかりました。自然に調和させて生活することが最も持続性があるとの基礎的な概念にたどり着いたことになります。

(b) 有害物質のリスクコミュニケーション

硫黄泉の温泉地で臭いを発している硫化水素は強い酸性のガスで、液化すると硫酸になり、雨に入り込むと酸性度が強い酸性雨となります。この極めて有害性が高い環境は、草木をはじめ多くの生物を死滅させてしまいます。このような場所は、霊妙な雰囲気を醸し出し、妖怪や霊にまつわる伝説、風説が広まります。

このように化学物質の性質がよくわからないことから風評が作られていったと考えられます。人の体も食物も化学物質で作られており、問題はその性質です。化学物質は、それぞれが反応し、熱、振動や光など物理的な影響などで変化します。悪影響を考え出すと切りがありません。人工的な化学物質になるべく触れないようにして化学物質汚染を防ごうとする活動もありますが、使用するものの性質を知らなければその活動も無駄になってしまう可能性があります。そもそも自然の中にも毒はさまざまに存在しています。

環境汚染に対する「予防」に関しては、「国連環境と開発に関する会議（1992年）」で採択された下記の「環境と開発に関するリオ宣言（Rio Declaration on Environment and Development)」の第15原則で概念が示されています。

> **環境と開発に関するリオ宣言　第 15 原則（予防の原則）**
>
> 「環境を保護するため、予防的方策は、各国により、その能力に応じて広く適用されなければならない。深刻な、あるいは不可逆的な被害のおそれがある場合には、完全な科学的確実性の欠如が、環境悪化を防止するための費用対効果の大きい対策を延期する理由として使われてはならない」。

　この原則で示されている「完全な科学的確実性」は理想的な目標であり、自然科学では実現できないといえます。また、「深刻な、あるいは不可逆的な被害のおそれ」も慢性的な影響である場合、自然科学的には十分に解析するのは困難です。気候変動に関する検討でこの傾向が強く表れています。したがって、この概念に基づき「予防」を事前検討することは非常に困難であるといえます。また、環境汚染または環境破壊による被害は広範囲にわたるため、事前対策費用より大きくなることはこれまでの公害事件及び福島第一原子力発電所事故で発生した巨額の被害額で示されています。しかし、現実として、企業では環境保護への投資は明確な収益または損失のおそれの防止が理解できなければ、労働者、投資家、融資者など利害関係者から支持を受けることは難しいといえます。

　他方、一般的に環境汚染の原因は、環境中に放出された化学物質の何らかの性質によって引き起こされています。現在では、化学物質の原子単位での構造及び性質が解明されつつあり、分子の構造から有害性を推定する研究も進んでいます。

　リスクの定義に関しては、国際標準化機構および国際電気標準会議（International Electrotechnical Commission：IEC）（以下、ISO/IEC とする）では、1999 年に発表した「安全面 – 規格に安全に関する面を導入するためにガイドライン（ISO/IEC GUIDE 51：1999）["Safety aspects – Guidelines for their inclusion in standards", Second edition]」で、「危害の発生確率と危害のひどさの組合せ」としています。その後、2002 年に発表された「リスクマネジメント – 用語集 – 規格において使用するための指針（ISO/IEC GUIDE 73：2002）

["Risk management – Vocabulary – Guidelines for use in standards", First edition]」では、「事象の発生確率と事象の結果の組合せ」と示されています。

2002年に南アフリカ・ヨハネスブルグで開催された「持続可能な開発に関する世界サミット（World Summit on Sustainable Development：WSSD［リオ+10］）」で、「化学品の分類および表示に関する世界調和システム（The Globally Harmonized System of Classification and Labelling of Chemicals）：以下、GHSとします）」の検討が行われ、国際的な化学物質のハザード情報普及が図られました。GHSの目的は、化学物質の有害性などについて国際的に統一した情報伝達方法として、表示、SDS（Safety Data Sheet）を促すことです。

国際連合が示すSDSの情報として次の16項目が示されており、下に示す順序で記載するべきであることも定められています。

SDS（Safety Data Sheet）で示す情報内容と記載順序

1. 化学物質などおよび会社情報
2. 危険有害性の要約
3. 組成および成分情報
4. 応急措置
5. 火災時の措置
6. 漏出時の措置
7. 取扱いおよび保管上の注意
8. 曝露防止および保護措置
9. 物理的および化学的性質
10. 安定性および反応性
11. 有害性情報
12. 環境影響情報
13. 廃棄上の注意
14. 輸送上の注意
15. 適用法令
16. その他の情報

また、化学物質のリスク情報の公開に関して、国際標準化機構ではISO11014-1で示しており、SDSを作成する際に整合性が図られています。ISO11014-1も国際連合の規定と同様に情報項目名称、番号及び順序は変更してはならないとなっています。わが国ではこの規格を日本語に翻訳して日本工業規格のJIS Z7250として定めています。JIS Z7250は、GHSの項目と整合するように、さらに2012年3月にJIS Z 7253：2012に変更されました。

しかし化学物質の性状データなどに関する調査が進んでいないことが大きな問題であり、GHS の SDS で記載すべき項目を示してもデータの記載が困難であることが現状です。

　EU では、以前は指令 67/548/EEC に基づき、新規化学物質にのみ市場に販売される前に試験が必要だったことに対し、既存化学物質には十分な事前審査が要求されなかったことが問題となり、そのリスク情報の整備が検討されました。そして、2001 年新しい化学物質政策を導入するための「今後の化学物質政策のための戦略」が発表され、2003 年 10 月に規則案が作られ、欧州閣僚理事会及び欧州議会の審議を経て 2006 年に REACH 規制（Registration, Evaluation, Authorization and Restriction of Chemicals）が成立しました。この規則は、2007 年 8 月に施行され、リスク評価が遅れている約 30,000 物質の既存物質について安全性の事前調査（化学物質の有害性など各種データ）を民間企業に義務づけました。この規制により、EU へ輸出する国外企業も当該物質のリスク調査が必要となり、企業の環境リスク管理に関した新たな安全配慮義務が追加されています。

　近年では、企業のサプライチェーンも含めた化学物質管理が重要となってきており、発注者は、納品に関する SDS 情報が不可欠となっています。仕様書に納品成分の化学物質の性状情報を要求する調達（グリーン調達）の必要性が高まっています。

　したがって、製品に含まれる化学物質の性状データの分析情報は、生産・販売においてこれから極めて重要となってきているといえ、製品コストにおける環境コストを明確に調査しなければならなくなっています。総環境負荷で生じるコストを知るには、まず環境リスク管理の基礎的な活動として LCA の情報を整備することが必要です。

　環境リスクコミュニケーションは、企業間では急激に進んでいるといえます。しかし、一般公衆にとっては、環境リスクに関わるハザードの項目は、理解することが困難です。何らかの事故が起こった際の対処マニュアルを公開してお

くことが必要です。

　他方、企業から排出される化学物質の情報を整理、公開を目的としたPRTR（Pollutant Release and Transfer Register：汚染物質排出移動登録）制度について、1996年2月にOECDによって参加各国へ導入勧告が行われています。この制度は、企業から排出または廃棄される汚染の可能性のある物質の種類と量を記録し、行政がそのデータを管理規制するものです。1992年の国連開発会議で採択されたアジェンダ21の提案に従い、国際的に進められたもので、わが国では「特定化学物質の環境への排出量の把握等及び管理の改善の促進に関する法律」でPRTR制度が導入されています。

　PRTR制度では、企業の自主的な活動を促すものですが、SDSに示されるハザード情報と組み合わすことによって、環境リスク管理が適切に実施できる可能性を高くします。このデータは、汚染防止のための濃度規制、総量規制、排出権取引及び疫学調査をはじめとする汚染原因追求研究に利用でき、環境保護に関する政策、企業の自主的活動、市民の活動に重要な情報を与えます。ただし、企業の自主的なデータの提出に基づいていますので、モニタリング情報と同等に評価できるほどのデータの信頼性は期待できません。

（c）環境アセスメント

　環境アセスメント制度は、1969年に米国ではじめて作られました。そのきっかけは、1969年1月にカリフォルニア州サンタバーバラ沖の油井で発生した原油流出事故です。この事故が発生したとき、米国政府にはこの環境被害に対処するための法律及び行政組織がなく対応に苦慮しました。しかし、その後の米国政府の動きは速く、その年の内に「国家環境政策法（National Environmental Policy Act；NEPA）」を制定し、その中に環境アセスメントの義務づけが定められました。翌年1970年には、環境保護を専門とする行政機関である米国環境保護庁（U.S.EPA：U.S.Environmental Protection Agency）が設立されました。福島原発事故後、1年以上たっても原子力規制庁さえ設立できなかったわが国とは、全く違います。各省庁、政治家、産業界、地方公共

団体など多岐にわたって既得権が莫大に存在しており、重要な新しいシステムを作る際にも大きな障害になっています。

わが国の環境アセスメントに関しては、米国の「国家環境政策法」制定を受けて、1972年に「各種公共事業に係る環境保全対策について」が閣議で了承され、公共事業に限り環境アセスメント制度が導入されました。その後、1981年に旧環境影響評価法案が国会に提出されましたが、審議が7回延期され、開発関連官庁や産業界などからの強い反発で、法案から住民参加や公開の原則が削除されました。さらに、1983年に廃案となってしまいました。もし法案が成立していても、環境アセスメントの目的が十分に果たされたとは思われません。

その後、1993年の環境基本法制定時に、それまでの公害対策基本法を発展させ、自然環境、地球環境まで規制のテリトリーを広げ、経済的な誘導にも言及しました。しかし、環境影響評価に関しては、「事業者が評価し配慮するために国が必要な措置を講ずる」ことが述べられたにすぎませんでした。その4年後、1997年に事業者が主体に開発事業に環境配慮を行う「環境影響評価法」が制定(1999年施行)されました。これにより、原子力発電所を新たに設置する場合など、事業者によって住民への事業内容の縦覧、説明、意見を受けての環境配慮を行わなくてはならなくなりました。この際の説明はPA(Public Acceptance：社会的受容)といわれ、事業者が行っています。

PAとは、開発事業などで人工構造物が周辺にさまざまな影響を与える場合に、その構造物の立地を周辺住民(または一般公衆)が受け入れることをいいます。「住民合意」といった表現がされることがありますが、わが国のPAは、容認、受諾、受け入れといった意味が強いものです。事業内容とその影響について当事者間で十分話し合って合意を得て、取り決めていることはほとんどありません。"acceptance"より、"consensus"(意見の一致)が望まれるところですが、「PAで住民の合意を得た」という表現は言い過ぎです。

廃棄物処理場(有害物質の放出、悪臭など)、空港(騒音、鳥類の死滅など)、

大きな構造物（日照の低下、または光の反射、景観悪化など）など、迷惑施設の立地に関しては、利益を得る者と迷惑（損害）を被る人とが必ず発生します。公共施設の場合は、利益を得る者が圧倒的に多く存在します。また、有害物質を取り扱う工場は、人口密度が高い都市の中に建設しようとすると住民の猛反対が起きますが、労働の場がない地域にとっては就職先として歓迎される場合もあります。

　迷惑施設の立地差し止めなどによる訴訟では、原告（被害者側）の受忍限度が議論されることがあります。いわゆるどこまで我慢できるかということです。我慢できない部分はそのレベルに応じて賠償額が争われます。訴訟方法によっては、事業そのものを差し止めるか、あるいは行政の許認可の取り消しを求めて争うことが行われます。受忍限度が定まると、損害賠償命令での判決、または補償金などで和解などが行われます。被告側は、原告側に対して一度賠償した後は、今後一切この問題について被害を申し立てることはしないことを求めてきます。司法の決定は、社会的には強い効力を持ちます。しかし、この方法は、自然科学の面から見て極めてあいまいです。その後も無過失責任で損害賠償が認められていたとしても、健康被害や人の生活は、お金に代えられないものがたくさんあります。公共の利益と一部の人の多大な被害の可能性は、本来は比較衡量することはできません。PAで受容するということは、受忍を求めることにもなり、リスクがわからないものに関しては、受忍限度を超える場合もあるということになります。リスクコミュニケーションがない PA はありえません。

　他方、世界各国で自然を犠牲にした大規模開発が行われており、これまでに多くの環境問題が発生しています。エジプトのアスワンハイダムの建設（1960年着工、1970年完成）では、ナイル川周辺の生態系及び地中海の水質にも影響を与えました。この開発は、当時のエジプトの政治的な体制から旧ソビエト連邦が、資金及び技術を支援しています。開発そのものが世界的な東西冷戦の背景を持っており、第二次中東戦争（1956年：スエズ運河の占有をめぐるエジプ

トと、英国、フランス、イスラエル3国との争い）後でもあり、環境への配慮を行うような状況ではありませんでした。

その後、環境保護への国際的な世論が高まり、近年では、生態系などを保護するための生物多様性など広域にわたる環境変化に対する保全の重要性が国際的に注目されるようになりました。1985年4月に世界銀行が貸付を決定したインド中西部ナルマダ川でのダム及び発電所の建設（サルダル・サロバル・プロジェクト）では、建設地の森林などが水没し、この最貧地域の住民20万人以上が十分な補償もなく強制的に立ち退かされました。1980年代後半から人権・環境NGOなどや国内外から厳しい批判を浴び、ナルマダ救済運動が国際的に展開されました。この結果、世界銀行からの融資は、1993年に取消となってしまいました。わが国からのODA（Official Development Assistance）も打ち切りとなりました。

環境や人々の生活を考えない無理な計画を進めたことが、国際的なプロジェクトの失敗に繋がってしまいました。環境保護や人権への国際的な理解が少しずつ向上してきていることがわかります。

前述のサルダル・サロバル・プロジェクトに関して、世界銀行では移住者の再就業、環境影響の評価を実施し、1992年6月に審査報告書を作成しています。その中で他の世界銀行の融資案件に関して、審査手続きを見直すことを提言しました。

このような状況を踏まえて世界銀行グループの民間プロジェクトを担当する国際金融公社（International Finance Corporation：以下、IFCとします）は、2002年10月にロンドンにおいてシティバンク（米国）、ABNアムロ銀行（2010年にフォルティス系のフォルティス・バンク・ネーデルランドと合併）、バークレイズ銀行（英国）、ウェストエルビー銀行（ドイツ）の4行と連携して海外プロジェクトファイナンス（Project Finance：PF）業務に関した環境及び社会的リスク管理の検討をはじめました。そして、国際的な大規模プロジェクト向けの融資における環境・社会的責任に関した配慮基準として、2003年6月に

赤道原則（エクエーター原則／Equator Principles：EP）を策定しました。2013年12月現在でわが国の都市銀行なども含め世界35カ国79行の金融機関（赤道原則採択金融機関／Equator Principles Financial Institution：EPFI）が赤道原則を採択しています。金融機関のCSR（Corporate Social Responsibility）の視点としても重要な基準です。

　なお、プロジェクトファイナンスとは、日本国内に多い融資先企業の信用力や担保価値に依拠して融資を行うコーポレートファイナンスと異なり、プロジェクトのキャッシュフロー（収益）、事業性を評価して資金を提供する融資手法のことをいいます。膨大な費用を要する鉱物資源、石油・天然ガスなどの開発に関する資金調達手段として行われ、その後石油精製、石油化学関連プラント、天然ガス液化施設まで裾野が広がり、さらに発電所、道路、鉄道、通信などインフラストラクチャーへ拡大しました。世界各地でさまざまなプロジェクトが進行しています。

　IFCでは、経済的に妥当な費用で環境・衛生・安全管理を行う「EHS（Environment・Hygiene・Safety）指針」を作成しました。この指針は、既存の技術により達成することが可能とされるパフォーマンスレベル及び対策が示されています。そして、環境汚染・環境破壊防止、自然環境の保護に加え、プロジェクトにより被害を受ける地域住民や労働者の人権保護のための基準である「IFCパフォーマンススタンダード」も発表され、1.環境・社会的リスクと影響の評価と管理、2.労働者と労働条件、3.資源の効率（環境効率または資源生産性）と汚染防止、4.地域社会の衛生・安全・保安、5.土地取得と自発的ではない転居、6.生物多様性の保全及び持続可能な自然生物資源（自然資本）の管理、7.先住民族、8.文化遺産の8項目があげられています。

　この2つのIFCの基準に従い、赤道原則では、環境及び社会への影響評価の実施プロセス、環境汚染・環境破壊の防止、地域コミュニティへの配慮、生物多様性など自然環境への配慮など、さまざまな規定を設けています。

第3章
生活環境リスクの指標

　第1章「サービス」、第2章「もの」の視点から生活環境にかかわるリスクについて検討してきました。
　本章では、これら検討したリスクを点検、評価するための指標について紹介し、検討していきます。

第1節　再発防止

　予想が困難な事態の発生によって環境汚染が発生した場合は、原因の解析に重点が置かれます。一般に汚染事故分析手法として用いられる方法としては、フォルトツリー分析（Fault Tree Analysis：FTA）があげられ、失敗要因を細かく分析することによって、事故防止要因（失敗要因）を洗い出し、チェックリストを作ります。

　この結果に基づいてリスク対策のためのマニュアル化が図られます。農薬工場、化学工場をはじめ多くの企業で既に行われています。わが国では「化学プラントのセーフティアセスメント；新設時（労働省ガイドライン　昭和51年）」や「石油コンビナート防災診断項目；安全評価（消防庁　昭和55年）」など公的指針が発表され、早くから関連業界で検討が行われています。硫安工業会や石油プラント工業会では、業界ガイドラインとして、爆発火災及び流出物の危険性の立場から既にリスク対策をマニュアル化しており、コンピュータによるシミュレーションによって具体的に解析しています。

　装置の操作などを解析するOS（Operability Study）、事故発生からの出来事を時系列に並べ解析するETA（Event Tree Analysis）、事故の形態と影響を分析するFMEA（Failure Mode and Effect Analysis）など、事故分析手法が使われています。福島第一原子力発電所事故でも行われています。

第2節　新たな成長指標

（1）人間開発指数

　国連開発計画（United Nations Development Programme：以下、UNDPとする）では、1990年から『人間開発報告書（Human Development Report：HDR）』を発刊しています。『人間開発報告書』は1990年に元パキスタン大蔵大臣、当時UNDP総裁特別顧問であったマブーブル・ハックの発案によって創刊されたもので、「開発は"持続可能な人間開発"をめざすべきであり、そのためには経済成長を生み出すだけでなくその恩恵を公平に分配できるような開発でなければならない」という考えに立って、さまざまな角度から開発の重要課題を扱っています（引用：国連開発計画『人間開発』（2003年）5～6頁）。

　「人間開発」の概念は、社会の豊かさや進歩を測るのに、経済指標だけでなく、これまで数字として表れなかった側面も考慮に入れようとしています。基本的な物質的・経済的豊かさに加え、次の項目があげられています。

　　1．教育を受け文化的活動に参加できること
　　2．バランスの良い食事がとれて健康で長生きできること
　　3．犯罪や暴力のない安全な生活が送れること
　　4．自由に政治的・文化的活動ができて自由に意見が言えること
　　5．社会の一員として認められ、自尊心を持てること

　これらが揃って真の意味の「豊かさ」が実現できるという考え方です。「人間開発」の推進は、後述の国連開発計画でミレニアム開発目標達成に有効な手段として捉えています。

　この進捗状況の指標として、人間開発指数（Human Development Index：以下、HDIとする）が提案されており、各国の人間開発の度合いを測る新たな包括的な経済社会指標としています。HDIは各国の達成度を、1.長寿、2.知識、

3. 人間らしい生活水準の3つの分野について測ったもので、0と1の間の数値で表されます。評価値が1に近いほど、個人の基本的選択肢が広く、人間開発が進んでいることになります。国民総生産 (Gross National Product：GNP) や国内総生産 (Gross Domestic Product：GDP) は、単にその国の所得がどのくらいあるかを示すものであり、所得がどのように分配されているかは不明で、国民の健康や教育のために使われているのか、あるいは軍備なのかはわかりません。

HDIの2003年における評価では、1位がノルウェー、2位がアイスランド、3位がスウェーデンとなり、わが国は9位となっています。

他方、平均寿命、識字率、平均教育達成率、所得のそれぞれを男女格差に従って調整し、ジェンダーの不平等に焦点をあてたジェンダー開発指数 (Gender-related Development Index：GDI) では、上位国は変わりませんが、わが国は、13位と悪くなります。さらに、女性が社会的、政治的、経済的にどのくらい力を持っているか (女性のエンパワーメント) を見ようとするジェンダー・エンパワーメント指数 (Gender Empowerment Measure：GEM) では、わが国は44位とかなり低い評価となっています。したがって、わが国の企業は、国際的比較で男女平等面で劣っているといえます。すなわち、社会面から見たSR (Social Responsibility：社会的責任) 評価が低くなる可能性があります。

「国連環境と開発に関する会議 (1992年)」で採択された「アジェンダ21 (21世紀に向けての―持続可能な開発のための人類の行動計画―)」でも24章に「持続可能かつ公平な開発に向けた女性のための地球規模の行動」が定められており、将来の (次世代の) ために女性の地位向上が求められています。

(2) 幸福度

経済協力開発機構 (Organization for Economic Co-operation and Development：OECD) では、「幸福度」の指標も検討しています。2011年に「より良い暮らし指標 (Better Life Index)」として初めて公開されています。BLIは、暮らしに関する、住宅、収入、雇用、共同体、教育、環境、ガバナンス、医療、生活の満足度、安全、ワークライフバランスの11分野について36ヵ国間 (OECD加盟

34 カ国）の比較を可能にしています。オンライン上で利用者が自分の生活の満足度を測り比較することができるインタラクティブ指標となっています。幸福度の計測に関する議論は、公開で専門家によって行われています。

2012 年には、ジェンダーと不平等に関するデータを統合しました。2014 年の指標発表では、「幸福になるための最優先事項は"健康で、幸福で、賢い"こと」であることが示されました。2014 年版は英語、フランス語、ロシア語に加え、スペイン語、ポルトガル語で公開されています。

OECD では「より良い暮らし指標」を通じて市民との議論を促進し、人々に進歩の探求に関与してもらいたいとの意向を示しています（引用：経済協力開発機構 HP 主要統計「より良い暮らし指標（Better Life Index：BLI）について」http：//www.oecd.org/tokyo/statistics/aboutbli.htm［2015 年 2 月］より）。

（3）ミレニアム開発目標

1990 年代に開催された主要な国際会議やサミットで採択された国際開発目標を統合してミレニアム開発目標（Millennium Development Goals：MDGs）が定められました。これは、国連が発表した「ミレニアム宣言」に基づいています。「ミレニアム宣言」とは 2000 年 9 月に米国・ニューヨークで開催された国連ミレニアムサミットで 147 の国家首脳を含む 189 の加盟国代表が出席して採択されたものです。

ミレニアム開発目標では、2015 年を達成期限とする次の 8 つの目標が掲げられ、これに基づき具体的な 21 のターゲットと 60 の指標が設定されています（引用：外務省 HP、国際協力、政府開発援助 ODA、http：//www.mofa.go.jp/mofaj/gaiko/oda/doukou/mdgs/about.html#goals［2015 年 2 月］）。

1. 目標 1：極度の貧困と飢餓の撲滅
    - 1 日 1 ドル未満で生活する人口の割合を半減させる。
    - 飢餓に苦しむ人口の割合を半減させる。
2. 目標 2：初等教育の完全普及の達成
    - すべての子どもが男女の区別なく初等教育の全課程を修了できるようにする。

3．目標3：ジェンダー平等推進と女性の地位向上
　　・すべての教育レベルにおける男女格差を解消する。
4．目標4：乳幼児死亡率の削減
　　・5歳未満児の死亡率を3分の1に削減する。
5．目標5：妊産婦の健康の改善
　　・妊産婦の死亡率を4分の1に削減する。
6．目標6：HIV※／エイズ、マラリア、その他疾病の蔓延防止
　　・HIV／エイズの蔓延を阻止し、その後減少させる。
　　※HIV：Human Immunodeficiency Virus（ヒト免疫不全ウイルス／エイズウイルス）
7．目標7：環境の持続可能性確保
　　・安全な飲料水と衛生施設を利用できない人口の割合を半減させる。
8．目標8：開発のためのグローバルなパートナーシップの推進
　　・民間部門と協力し、情報・通信分野の新技術による利益が得られるようにする。

　ミレニアム開発目標で示されている内容は、「国連人間環境会議（1972年）」での議論の際から問題になっていることであり、国連ミレニアムサミットで再確認されまとめられたものです。「国連持続可能な開発会議（2012年）」（リオ+20）では、この目標が困難であることが顕著に表れました。具体的には、「貧困の根絶に全力をあげながら、より環境負荷が少ない経済への移行を図る」ことが課題となっています。

　「国連持続可能な開発会議」の採択文書には、海生生物の乱獲や海洋生態系の破壊、気候変動の悪影響から海を守ることが示され、都市機能の向上、再生可能エネルギー源の利用拡大、森林管理の推進などが課題として示されています（国際連合広報センター『リオ+20　国連持続可能な開発会議：私たちが望む未来（The Future We Want）』［2012年］5頁）。

　また、環境に関する問題と具体的な対処の必要性について、以下のものがあ

げられています。

1. 世界人口は現在の70億人から、2050年には90億人にまで増加する。
2. 現在、人口の5人に1人に当たる14億人が、1日1ドル25セント以下で生活している。
3. 電気を利用できない人々は全世界で15億人、トイレがない人々は25億人存在する。そして、およそ10億の人々が日々、飢えに苦しんでいる。
4. 温室効果ガスの排出量は増え続けており、気候変動に歯止めがかからなければ、これまで確認されている生物種全体のうち、3分の1以上が絶滅するおそれがある。
5. 私たちの子どもや孫たちに人間らしい生活が営める世界を残すためには、貧困のまん延と環境破壊という課題に今すぐ取り組む必要がある。
6. こうした緊急課題に今すぐ本格的に取り組まなければ、貧困や不安の増大、地球環境の劣化など、将来においてさらに大きな代償を払わなければならないだろう。
7. UNCSDは、グローバルに考える機会を提供する。そうすることで、私たち皆が共通の未来を確かなものにするために、ローカルなレベルで活動できるようになる。

ミレニアム開発目標を踏まえて企業が環境リスク管理を図るにも、国際状況を分析しなければならないと考えられます。特に途上国へ進出している多国籍企業は、極めて慎重な計画をたてていく必要があります。

また、CSRレポートでも、企業がビジネスの中で人権を尊重することで持続可能な社会に貢献していくことも述べられています。企業の人権、環境問題などの活動を認証するNGO組織も存在し、レインフォレストアライアンス、持続可能なパーム油のための円卓会議(RSPO)、フェアトレード、海洋管理協会(MSC)など複数存在し、多くの多国籍企業が認証を受けていることが記載されています。人権問題には、環境権も含まれるとの考え方が一般化しており、衛生問題、健康を害するような日照権問題なども人権問題とされる場合もあります。

第3節 CSR（企業の社会的責任）

（1）対立から社会的責任

　企業が生産活動（科学技術の発展と経済成長）で発生した公害問題に関し1950年代～1970年代には、企業（加害者）と被害者が裁判で激しく争っていました。被害と原因の因果関係（原因と結果との関係）が科学的に証明されるようになると、環境法が整備されました。これにより、罰則などを持った法律の規制によって環境が管理されるようになり、環境汚染で生じる生活の不安も少なくなってきたといえます。科学技術が発生された「影」の部分を明白にし、対策を立て、汚染防止が機能してきた成果です。

　近年ではCSR（Corporate Social Responsibility：企業の社会的責任）の一環として環境保護が一般的に受け入れられつつあります。生産活動だけではなく、生産品の市場での環境影響に関しても考慮されるようになってきました。CSRに関する情報は、企業の説明責任としてCSRレポート（または環境レポート、サスティナブルレポートなどの名称があります）が、多くの企業で作成され公開されています。各社ホームページからPDFファイルで簡単にダウンロードできるものがたくさんあります。

　また、一人ひとりに社会的責任を持つことも求められています。個人の社会的責任は、PSR（Personal Social Responsibility）ともいわれます。また、環境問題は、政府、企業、個人、及び世界が同じ問題意識を共有しなければならないものです。各主体の毎の社会的責任を再認識していくべきです。

（2）CSRレポート

　CSRレポート作成のためのガイドラインとしては、国際的に参考にされているものにGRIガイドライン及び環境省が発行するガイドラインがあり、多

くの企業がこれらの内容に則しています。GRI ガイドラインは、報告組織が持続可能な社会に向けてどのように貢献しているかを明確にし、組織自身やステークホルダーにもそのことを理解しやすくすることを目的としており、報告組織が活動内容や製品・サービスの経済・環境・社会的側面について報告するために自主的に活用するものとなっています。なお、GRI（Global Reporting Initiative）とは、1997 年に国連環境計画（United Nations Environment Programme：UNEP）及び CERES（Coalition for Environmentally Responsible Economies）の呼びかけにより、持続可能な開発のための世界経済人会議（The World Business Council for Sustainable Development：WBCSD）、英国公認会計士勅許協会（Association of Chartered Certified Accountants：ACCA）、カナダ勅許会計士協会（Canadian Institute of Chartered Acountants：CICA）などが参加して設立された組織です。2002 年 4 月上旬には、国際連合本部で正式に恒久機関として発足しました。適宜ガイドライン内容は更新されており、2013 年に「サステナビリティ・レポーティング・ガイドライン第 4 版」が公表されています。

　また、環境省ガイドラインには「事業者が経営の状況を利用者に理解してもらうためには、その理解のために必要な情報を取捨選択して、利用者の目的に沿った形で適切に開示をしていくことが求められます。経営の全体像を説明するのであれば、環境・経済・社会の各側面における重要な影響や活動などを中心に報告することが有効な方法となり、環境報告は、その構成要素の一つとなります。また、事業、地域、事業所単位などにおける事業活動の状況について詳しく説明するのであれば、詳細な環境情報の解釈を関連する経済・社会情報も含めて、環境報告として開示することにより、さらなる理解の促進に繋がります」と述べられています（引用：環境省『環境報告ガイドライン（2012 年版）』［2012 年］2 頁より）。

　どちらのガイドラインにも従来より注目されているトリプルボトムラインといわれる「環境」、「経済」、「社会」の側面から企業の環境活動について、レポートで説明することが求められています。

環境省ガイドラインでは、詳細な環境情報の解釈のために経済・社会情報の報告の開示も求めており、わが国企業では、別途環境省が公表している「環境会計ガイドライン」も参考にして対応させている場合が多くあります。この環境会計ガイドラインにおいて環境会計に取り組む背景として「今日、企業等の経営戦略において、環境への対応を具体化し、環境保全への取組を内部化した環境に配慮した事業活動を展開する企業等が増えています。環境会計への取組は、そうした環境に配慮した事業活動の一環です。環境会計情報は、企業等の内部利用にとどまらず、環境報告書を通じて社会に公表されています。環境会計情報が環境報告書の重要な項目として開示されることにより、情報の利用者は企業等の環境保全への取組姿勢や具体的な対応等と併せて、より総合的に企業等の環境情報を理解することができます」と示しており、説明責任が重視されています（引用：環境省『環境会計ガイドライン2005年版』［2005年］1頁～2頁より）。

さらに、環境会計の定義として「事業活動における環境保全のためのコストとその活動により得られた効果を認識し、可能な限り定量的（貨幣単位又は物量単位）に測定し伝達する仕組みとします。」と述べており、LCAにおけるLCCの重要性も言及し、環境活動の定量的な把握の手法としての位置づけとしています。

他方、国際標準化機構で2005年から議論されてきた「社会的責任に関する規格」は、当初は企業の社会的責任規格（CSR規格）として議論されてきたものですが、企業の枠をはずし社会的責任（Social Responsibility：SR）規格として、ISO26000シリーズとして2010年11月に発行されました。

CSRレポートでもISO26000シリーズ（社会的責任の国際標準規格）の内容も考慮したレポート構成が増えています。ただし、これらガイドラインは、詳細な記載条件が定められていないため、数値情報に関する企業間の比較は困難であり、優劣が判断しにくいのが現状です。まず、CSRに関する情報を公開することが重要な目的ですが、漸次比較可能な項目を設定していかなければさらなるパフォーマンスの向上は望めないと考えられます。

（3）SRI（社会的責任投資）

　SRI（Socially Responsible Investment：社会的責任投資）は、企業を評価する際、企業にとって不利益な情報である「ネガティブ情報（negative information）」を収集し、個々の企業を審査する「ネガティブスクリーニング（negative screening）」を行い、投資先から外すことから始められます。ネガティブ情報としては、環境、人権問題、武器・戦争関連、労働問題、倫理問題などが取りあげられます。

　米国では、1960年代にベトナム反戦運動から戦争に関与する企業への投資を控える動きが起き、その後この概念が広がり、企業の不祥事によって注目を浴びたCSR評価がSRIに影響を与えています。また、英国、ドイツ、フランスなど欧州諸国の政府は2000年から年金基金に対して、投資の際に環境や人権などをどの程度重視しているか公表するように求め始めています。具体的には軍事独裁国への投資や民族・性差別、公害を生み出すような事業には投資を行わないよう指導しています。環境情報におけるネガティブ情報には、工場など事業所敷地での土壌汚染の判明、工場事故などによる有害汚染物質の放出、大気汚染事件、水質汚染事件、廃棄物の不法投棄など違法な処理・処分事件などがあげられ、情報の内容には、事故例、刑罰・損害賠償例、汚染物質漏洩検知例などがあります。このような環境配慮がない企業は、社会的な信用を失い、経営リスクが拡大することが予想され、企業価値自体が低下すると考えられます。環境会計ガイドラインでは、環境汚染などに関わるネガティブ情報に関わる事象は、会社内の費用となり「環境損傷コスト」として取り扱われ、情報が整備されています。ただし、ネガティブ情報を隠蔽すると、発覚したときに極めて悪い評価となります。ネガティブ情報は公開し、その対処を明確に示すことが重要です。米国のIBMなどでは、この対処を真摯に行い、却ってSRI評価が高まった例もあります。

　また、企業評価の際には、企業がアピールしたい情報である「ポジティブ情報（positive information）に基づいた「ポジティブスクリーニング（positive screening)」によって、社会的に責任を果たしている企業を抽出することも行われます。CSR レポートに企業の宣伝に関わる事柄を中心に記載しているところもありますが、CSR に関する報告とは捉えられません。環境保護に関するポジティブ情報には、環境商品の積極的な開発及び環境戦略の状況、LCA に基づく省エネルギーや再生可能エネルギーの導入などによる地球温暖化対策の実施(環境税や二酸化炭素排出権取引への対処)、産業廃棄物の減量化やリサイクルの推進及び廃棄物に関してマニフェストの実施及び適正な処理・処分の実施、環境管理・監査システムの導入(具体的には ISO14001 の取得状況が評価されると考えられます)、海外事業展開にあたっての環境配慮などがあります。この他のポジティブ情報には、良好な労使関係、人権の尊重、正常な雇用、地域貢献などがあります。

　SRI 評価の重要な情報源は、CSR レポートとなっています。

第4節 グリーン経済

(1) 国連持続可能な開発会議

　「国連持続可能な開発会議（2012年）」では、経済、社会、環境の3つの側面で検討及び調整が必要であることについて国際的なコンセンサスが得られました。具体的には、「持続可能な開発及び貧困根絶の文脈におけるグリーン経済（以下、グリーン経済とします）」が中心に議論されました。ビジョンとして、ディーセント・ワーク（Decent work）、貧困根絶によるミレニアム開発目標の達成を支援しつつ健全な環境を守る持続可能なグリーン経済追求があげられています。

　2012年6月に国連難民高等弁務官事務所(Office of the UN High Commissioner for Refugees：UNHCR)が発表した報告書「グローバル・トレンド2011」では、2011年に紛争などで住む場所を追われた人が約430万人にのぼり、そのうち国境を越えて難民となった人が80万人発生したことが述べられています。ディーセント・ワークに関しては、途上国において先進国企業が女性、子供に過酷な労働を課し、十分な教育を受けさせないことがしばしば問題となっています。

　また、「持続可能な開発」に関しては、「国連環境と開発に関する会議（1992年）」で採択された「環境と開発に関するリオ宣言 第7原則」の「環境保護に関して、先進国は開発途上国とは差異ある責任がある」との国際的コンセンサスのもとで進められています。「気候変動に関する国際連合枠組み条約」における「京都議定書」で地球温暖化原因物質の排出削減義務が先進国のみに限定され、京都メカニズムで先進国から途上国への支援が取り入れられたのもこの規定に従って定められました。しかし、京都議定書が失敗に終わり、グリーン経済を異なった視点から検討が必要となりました。

京都議定書のCDM（Clean Development Mechanism）では、投資によって自国にも経済的メリットがある工業新興国に対するものが中心となっており、後発開発途上国とは却って経済格差が広がってしまいました。なお、CDMとは、京都メカニズムの経済的誘導の一つの手法で締約国が、途上国で排出量削減事業を実施し、その削減量を自国の削減量に繰り入れることをいい、1997年の気候変動に関する国際連合枠組み条約第3回締約国会議で新たに定められ、採択された規定です。

WBCSD（The World Business Council for Sustainable Development：持続可能な開発のための世界経済人会議）では、持続可能な開発2012（BASD 2012）のためのビジネスアクションとして、国際商工会議所（International Chamber of Commerce：ICC）と国連グローバルコンパクトに協力していくことを表明しました。BASDはそもそもヨハネスブルグで持続可能な開発に関する2002年世界サミット（リオ+10）のためのICCとWBCSDとの間のパートナーシップとして設立された組織です。

なお、国連グローバルコンパクトには次の10の原則が定められています。

国連グローバルコンパクトの10の原則

人　権	原則1：	人権擁護の支持と尊重
	原則2：	人権侵害への非加担
労　働	原則3：	組合結成と団体交渉権の実効化
	原則4：	強制労働の排除
	原則5：	児童労働の実効的な排除
	原則6：	雇用と職業の差別撤廃
環　境	原則7：	環境問題の予防的アプローチ
	原則8：	環境に対する責任のイニシアティブ
	原則9：	環境にやさしい技術の開発と普及
腐敗防止	原則10：	強要・賄賂等の腐敗防止の取組み

(2) 環境効率

(a) 基本的考え方

国連持続可能な開発会議では、WBCSD(The World Business Council for Sustainable Development)が提案作成・運営などにおいて大きく支援・貢献しています。WBCSDでは、前身のBCSD(Business Council for Sustainable Development)で「環境効率」の以下の式により概念を提唱しています。国際的に「グリーン経済」を向上させる有効な手法であると考えられます。分母の「環境負荷(量)」を算出するには、LCAの情報が不可欠です。従来から研究、技術開発の目的であった「製品(もの)またはサービスの価値(量)」と総合的に検討することによって設計段階で、その製品またはサービスのライフサイクル全体を考慮した環境効率の推進が図れます。このような設計を環境設計またはエコデザインといいます。

> 環境効率 ＝ 製品またはサービスの価値(量)／環境負荷［環境影響］(量)

なお、BCSDは、UNCEDの事務局長モーリス・ストロング氏から産業界への要請に基づいて1990年に設立した組織で、UNCEDに向けて、「持続可能な開発のための経済人会議宣言」を発表しています。宣言の中では、「開かれた競争市場は、国内的にも国際的にも、技術革新と効率向上を促し、すべての人々に生活条件を向上させる機会を与える。そのような市場は正しいシグナルを示すものでなければならない。すなわち、製品及びサービスの生産、使用、リサイクル、廃棄に伴う環境費用が把握され、それが価格に反映されるような市場である。これがすべての基本となる。これは、市場の歪みを是正して革新と継続的改善を促すように策定された経済的手段、行動の方向を定める直接規制、そして民間の自主規制の三者を組み合わせることによって、最もよく実現できる。」(引用：ステファン・シュミットハイニー、持続可能な開発のための産業界会議『チェンジング・コース』(ダイヤモンド社、1992年、6～7頁)と産業界の明確な視点を示しています。

WBCSD は、BCSD が 1995 年に「世界産業環境協議会（World Industry Council for the Environmant」と合併し、世界環境経済人協議会（The World Business Council for Sustainable Development：WBCSD）となりました。WBCSD には、33ヵ国の主要な 20 の産業分野から 120 名以上のメンバーが集まっており、経済界と政府関係者との間で密接な協力関係を築いています。

(b) 環境コスト

　企業活動のパフォーマンスの面について経済的な観点からさらに環境効率を考えると、次のように環境コストの効果について表すことができます。この考え方は、環境会計において環境対策を評価する方法に類似してきます。環境コストを検討する際に、環境保護のための設備投資の金額とする場合と、環境汚染を発生させ原状回復や損害賠償を行った際の金額とする場合があります。汚染を発生させてから支払う金額の方が圧倒的に大きくなることは 2011 年に発生した福島第一原子力発電所の放射性物質の汚染事件で証明されています。環境汚染による環境コストを算出する場合は、LCA 情報に基づいた LCC を求める必要があります。

$$環境効率　=　環境負荷削減量／環境コスト$$

　この式における分子の環境負荷削減量は、負荷の種類を定めると比較的正確な定量値が得られます。例えば、地球温暖化原因物質を省エネルギー効果より算出して環境負荷削減量を求めることが可能です。しかし、企業内の経営効率の評価として有効ですが、一般環境の環境負荷量削減総量の効果も対比しなければ、環境保護効果が明確に評価できません。この式では、特定の環境汚染に対して評価する場合に分析結果が有効に利用できると考えられます。

　上記の環境効率の算出方法を、企業パフォーマンスそのものとして捉え、表現を変えると、環境対策に費やした投資に関する環境パフォーマンスの効果として確認することもでき、次の式のようになります。

> 環境効率 ＝ 環境パフォーマンス／財務パフォーマンス

　CSRレポートでは、環境投資による経営面の業績向上を環境効率向上と見なし、経済面及び環境面での効果として扱っている企業もあります（下記の式参照）。個別製品の環境負荷の減少など、環境パフォーマンスの変化の指標とすることは可能ですが、異なる製品の環境パフォーマンスの比較は不可能です。

> 環境効率 ＝ 売上高（または利益）／環境負荷量

　企業での具体的な環境対策の取り組みの評価として、環境効率で評価するには、算出方法についてまだ議論すべき点が多いのが現状です。いずれの方法にしても、環境負荷量の正確さがどのくらいのレベルであるのか把握することは困難です。あくまで環境指標としてのみ取り扱うことが妥当です。

(c) 資源生産性

　「環境効率性」と類似の考え方として、ドイツのノルトライン＝ウエストファーレン州のヴッパータール研究所が1991年に発表した「ファクター10」があります。この提案では、「持続可能な社会を実現するためには、今後50年のうちに資源利用を現在の半分にすることが必要であり、人類の20％の人口を占める先進国がその大部分を消費していることから、先進国において資源生産性（Resource Productivity）を10倍向上させることが必要であること」を提唱しています。1995年には、ローマクラブの要請により「ファクター4」も発表しています。ファクター4では、「豊かさを2倍に、環境に対する負荷を半分に」することを提案し、「資源生産性を現在の4倍にすることが技術的に可能であり、かつ巨額の経済的収益をもたらし、個人や企業、社会を豊かにすることができる」としています。ファクター4では、資源生産性を次のように定義しています。

> 資源生産性 ＝ サービス生産量／資源投入量当たりの財

　他方、消費される物質に注目すると、次のように表され、資源の有効利用（ま

たは、枯渇対策）の指標としても分析することができます。

$$資源生産性　=　サービス総量／物質総消費量$$

　資源生産性は、自然環境の物質バランスの安定性を図るための指標として有効であると考えられるため、企業の環境戦略における評価指標より、政府の政策に関する評価や公的プロジェクトの効果についての評価などに利用する方が妥当と考えられます。例えば、スマートシティにおける効果の評価指標に適していると思われます。

　なお、スマートシティでは、IT技術を活用した効率的なインフラストラクチャーが整備され、持続可能性が図られています。この街では、エネルギー効率及び環境効率を最大限に高めた居住空間が設計され、最適な環境マネジメントが期待されています。

（3）SDGs

　産業界ではWBCSDが提唱した「環境効率」に配慮することが事業を継続して遂行するために不可欠となっています。他方、2006年に国連において当時の事務総長、コフィー・アナン（Kofi Atta Annan）が提唱した国連責任投資原則（The United Nations-backed Principles for Responsible Investment Initiative：UNPRI）で宣言された、Environment（環境）、Social（社会）、Governance（統治）の分野に配慮した責任投資、いわゆるESG投資が国際的に拡大しています。ESG経営では、環境効率の向上が重要な要素となりました。

　そして国連では、「国連持続可能な開発会議（2012年）」で採択された「グリーン経済」検討を進展させるために、「持続可能な開発目標」を策定の検討が始まりました。「持続可能な開発目標に関する政府間協議プロセス：オープン・ワーキング・グループ」が設立され、2015年9月25日に開催された第70回国際連合総会で「持続可能な開発のための目標（Sustainable Development Goals：以下、SDGsとします。）」が採択されました。SDGsは、「ミレニアム開発目標（Millennium Development Goals：MDGs）を受け継ぐかたちで、2016年に発

効されました。MDGs は、貧困撲滅や社会福祉を中心に 2001 年から 2015 年を 8 つの目標に実施されたものでしたが、SDGs はグリーン経済を踏まえて 17 の目標（図表 3-1 参照）に増やし、2030 年アジェンダとなっています。

図表 3-1　SDGs における 17 の目標

目標 1：貧困をなくす	目標 10：格差の是正目標
目標 2：飢餓をなくす	目標 11：持続可能な都市とコミュニティづくり
目標 3：健康と福祉	
目標 4：質の高い教育	目標 12：責任ある生産と消費
目標 5：ジェンダー平等	目標 13：気候変動への緊急対応
目標 6：きれいな水と衛生	目標 14：海洋資源の保全
目標 7：誰もが使えるクリーンエネルギー	目標 15：陸上資源の保全
	目標 16：平和、法の正義、有効な制度
目標 8：人間らしい仕事と経済成長	目標 17：目標達成に向けたパートナーシップ
目標 9：産業、技術革新、社会基盤	

出典：国際連合『我々の世界を変革する：持続可能な開発のための 2030 アジェンダ』国連文書 A/70/L.1（2015 年 9 月 25 日　第 70 回国連総会で採択）より作成

なお、地球温暖化による気候変動に関する世界的対応についての目標 13 は、「気候変動に関する国際連合枠組み条約」における締約国会議が国際的政府間の交渉を行う基本的な対話の場であることが付け加えられ、気候変動とその影響に立ち向かうため、緊急対策をとる（Take urgent action to combat climate change and its impacts）と記載されています。

また、17 の目標は、さらに詳細に 169 の内容が示されています（17 の goal と 169 の target）。1 つの組織やプロジェクトでこれら全てを取り組むのは非常に困難です。状況を分析してプライオリティをつけて中長期的な計画を立てて、目標達成に向けて活動していくことが必要です。ただし "誰一人取り残さない" 世界の実現が前提として示されていることから、単なるスローガンとなっては目標達成はできません。目標の内容を十分に理解して進めていかなければなりません。

読者の皆様へ

値段がつけられない環境価値

　人の生活には、多くの商品（物、サービス）が使用されますが、これまで環境負荷に対するコストは価格に反映してきませんでした。したがって、人間が自然の一部であることを考慮しなかったともいえます。まだ、自然の中で現在の生活を維持するための本当のコストはわかっていないため、現在世の中で販売されている商品の本当の値段はわかりません。安価で販売されているものが、正確な環境コストが必要になると急に値段が上がる可能性もあります。

　しかし、これら使用済製品やエネルギー消費は、いずれ環境修復のためにコストを生じるものです。今支払うか、将来支払うかの違いです。環境浄化を越えた時点で、被害は次々と発生してきます。この対処には、未払いにしてきたコストに大きな利子がついてきます。一度破壊された環境を原状回復することは、極めて困難です。場合によっては元に戻らない可能性もあります。

　私たちは将来の生存の可能性を縮めているだけではなく、もっと早い時期に現在の生活環境を失います。お金を払っても取り返しのつかない状況に陥ってしまうことが懸念されます。悲惨な公害事件にはじまり、数限りない環境汚染が世界各地で生じており、少しずつ生物多様性を崩しています。さらに、地球上の大気、海の構成物質の超微量ずつですが組成を変化させており、その動きも少しずつ変動させています。人間の一生でその変化を確認できないものもあります。しかし、場所によっては明らかに確認できるところもありますが、たまたま起きているだけであると思い込んでいます。少しずつ進行してしまった病気とよく似ています。

　これらの進行を遅くするには、健康診断をするようにその環境リスクの状況を理解し、一つ一つ対策を進めていくことが必要です。生活環境は確実に病んできています。予防できるものは早急に着手し、悪くなっているものはそれ以上悪くならないように対策を打ち、治療していかなければなりません。対策ができた、または改善ができたものは、国際的なコンセンサスのもと世界中のど

の地域にも発生しないような再発防止策を施していくべきでしょう。

　生活環境を守っていくためには、現在身の回りにある莫大な「サービス」と「もの」を再度見直し、無駄をなくし、不自然な行為をなるべく減らしていかなければなりません。現在人間が行っている自然資本の消費は、自然の維持を無理にしています。

　自然から、サービスとものを与えてもらうことで、われわれの生活が支えられています。また、自然浄化による生態系の維持やオゾン層による紫外線の遮断など多くのリスクから守られています。一方で、気候の変化などで悲惨な自然災害を引き起こしたり、食物連鎖などで知らぬ間に健康被害が発生したり、大きなリスクにもなっています。人が生活できる環境は非常に限られた条件の中にあります。生活を維持していくための環境は、宇宙や地球の歴史から見れば非常に脆弱です。自然の変化に慎重に配慮していかなければなりません。

　人工物や人工的なサービスの価値は、日々変化していきます。自然は、人工的に作り出すことはできないにも関わらず、人の都合に応じてそのときどきで、勝手に価値が付けられてしまいます。しかし、地球の生態系は30億年以上前からさまざまな苦難を乗り越え、作られてきたものです。人類は、そのシステムの一部しか理解していません。自然そのものの価値を金額で評価することは一種の幻想といえます。本来の自然の価値は、われわれの生命そのものです。自然から得られる「サービス」と「もの」は、極力無駄を省き、まだらなく自然の循環システムに則していくことが必要です。現在の資源開発は、自然を無理に変化させているだけです。

　人類は、これまで資源を求めて多くの争いを繰り返してきましたが、かけがえのない地球から生態系が消滅していくと、その争いはさらに悪化していきます。過去に世界各地に植民地が存在し、先進国と途上国、後発途上国は、国際

関係を複雑にしています。人類は、ガン細胞のようになって地球の生態系を死滅させてしまうことが懸念されます。このまま自然を人間のためだけに消費していけば、SF（Science Fiction）のように、他の星を侵略する宇宙人にならなければ、人類の生きて行く道はないでしょう。

【参考文献】

1）勝田悟『環境学の基本』（産業能率大学、2013年）
2）気候変動に関する政府間パネル（IPCC）、気象庁訳（2015年1月20日版）『気候変動2013：自然科学的根拠 第5次評価報告書 第1作業部会報告書 政策決定者向け要約』（2013年）
3）気候変動に関する政府間パネル（IPCC）、環境省訳（2014年10月31日版）『気候変動2014：影響、適応及び脆弱性 第5次評価報告書 第2作業部会報告書 政策決定者向け要約』（2014年）
4）環境省（2014年8月版）『IPCC第5次評価報告書の概要 ―第3作業部会(気候変動の緩和)』（2014年）
5）ガレット・ハーディン、松井巻之助訳『地球に生きる倫理 ―宇宙船ビーグル号の旅から』（佑学社、1975年）
6）ガレット・ハーディン、竹内靖雄訳『サバイバル・ストラテジー』（思索社、1983年）
7）勝田悟『グリーンサイエンス』（法律文化社、2012年）
8）勝田悟『環境政策―経済成長・科学技術の発展と地球環境マネジネント―』（中央経済社、2010年）
9）勝田悟『原子力の環境責任』（中央経済社、2013年）
10）環境省『平成26年版 環境・循環型社会・生物多様性白書』（2014年）
11）ドネラ・H・メドウズ、デニス・L・メドウズ、シャーガン・ラーンダス、ウィリアム・W・ベアランズ3世、大来佐武郎監訳『成長の限界―ローマ・クラブ「人類の危機」レポート』（ダイヤモンド社、1972年）
12）レイチェル・カーソン、青樹簗一訳『沈黙の春』（新潮社、1974年）
13）K.ウイリアム・カップ、篠原泰三訳『私的企業と社会的費用』（岩波書店、1959年）
14）エルンスト・U・フォン・ワイツゼッカー、宮本憲一、楠田貢典、佐々木建監訳『地球環境政策』（有斐閣、1994年）
15）ステファン・シュミットハイニー、フェデリコ・J・L・ゾラキン、世界環境経済人協議会（WBCSD）『金融市場と地球環境―持続可能な発展のためのファイナンス革命―』（ダイヤモンド社、1997年）
16）ステファン・シュミットハイニー、持続可能な開発のための産業界会議（BCSD）『チェンジング・コース』（ダイヤモンド社、1992年）
17）F・シュミット・ブリーク、佐々木建訳『ファクター10』（シュプリンガー・フェアラーク東京、1997年）

18) エルンスト・U・フォン・ワイツゼッカー、エイモリー・B・ロビンス、L・ハンター・ロビンス、佐々木建訳『ファクター4』（省エネルギーセンター、1998 年）
19) カール・ヘンリク・ロベール、高見幸子訳『ナチュラル・チャレンジ』（新評論、1998 年）
20) 勝田 悟『持続可能な事業にするための 環境ビジネス学』（中央経済社、2003 年）
21) R・バックミンスター・フラー、芹沢高志訳『宇宙船地球号 操縦マニュアル』（筑摩書房、2000 年）
22) 東北電力『柳津西山地熱発電所パンフレット』（2012 年）
23) 東北水力地熱『松川地熱発電所パンフレット』（2011 年）
24) 勝田悟『化学物質セーフティデータシート』（未来工学研究所、1992 年）
25) マイケル・ポーラン、ラッセル秀子訳『食物連鎖のジレンマ 上』（2009 年、東洋経済新報社）
26) マイケル・ポーラン、ラッセル秀子訳『食物連鎖のジレンマ 下』（2009 年、東洋経済新報社）
27) UNDP『人間開発報告書（Human Development Report：HDR）』（1990 年）
28) UNDP『人間開発報告書 2013 ―多様な世界における人間開発―』（2013 年）
29) 国土交通省 水管理・国土保全局 水資源部『日本の水資源 平成 26 年 8 月』（2014 年）
30) 環境省『ウォーターフットプリント算出事例集 平成 26 年 8 月』（2014 年）
31) 農林水産省資料『平成 25 年度食料自給率をめぐる事情（平成 26 年 8 月）』（2014 年）
32) 農林水産省食料産業局バイオマス循環資源課、食品産業環境対策室 資料『食品ロス削減に向けて ～「もったいない」を取り戻そう！～ 平成 25 年 9 月』（2013 年）
33) 和鋼博物館『和鋼博物館 改訂版』（2007 年）
34) 佐々木稔編著、赤沼英男他『鉄と鋼の生産の歴史 増補改訂版』（雄山閣、2009 年）
35) 新居浜市『―別子銅山と近代化遺産― 未来への鉱脈 第 4 版』（2012 年）
36) 国立科学博物館『日本の鉱山文化』（1996 年）
37) ガブリエル・ウォーカー、川上伸一監修、渡会圭子訳『スノーボール・アース』（早川書房、2004 年）
38) アル・ゴア、小杉隆訳『地球の掟 文明と環境のバランスを求めて』（ダイヤモンド社、1992 年）
39) 環境省・ナノ材料環境影響基礎調査検討会『工業用ナノ材料に関する環境影響防止ガイドライン』（環境コミュニケーションズ、2009 年）
40) 環境庁、外務省監訳『「アジェンダ 21―持続可能な開発のための人類の行動計画―（'92 地球サミット採択文書）』（海外環境協力センター、1993 年）
41) 国連開発計画『人間開発』（2003 年）
42) 国際連合広報センター『リオ + 20 国連持続可能な開発会議：私たちが望む未来（The

Future We Want)』(2012 年)
43) OECD 編、環境省監訳『OECD レポート 日本の環境政策』(中央法規、2011 年)
44) Gesetz uber die Einspeisung von Strom aus erneuerbaren Energien in das offentliche Netz(Stromeinsp eisungsgesetz)vom 7. Dezember 1990(BGBl. I S.2633).
45) Gesetz fur den Vorrang Erneuerbarer Energien(Erneuerbare-Energien-Gesetz-EEG) vom 29. Marz 2000(BGBl.I S.305)
46) 産業技術総合研究所「地熱の力」産総研、2008 No.3(2009 年)
47) 「有機農産物の日本農林規格」(平成 18 年 10 月 27 日 農林水産省告示第 1463 号)
48) 「有機加工食品の日本農林規格」(平成 18 年 10 月 27 日 農林水産省告示第 1464 号)
49) 日本農林規格協会『JAS 規格の認定取得ガイド』(2007 年)
50) 矢島幸生 編集代表『現代先端法学の展開〔田島裕教授記念〕』勝田 悟「化学物質に関する環境情報の調査義務」(信山社、2001 年)99～126 頁.
51) 勝田悟「持続可能な開発に関する国連会議の成果についての考察」比較法制研究 35 号(2012 年)40～42 頁.

【参照 HP】 (参照年月)

1) 経済産業省　HP http://www.meti.go.jp(2015 年 2 月)
2) 資源エネルギー庁　HP http://www.enecho.meti.go.jp(2015 年 2 月)
3) 環境省　HP http://www.env.go.jp(2015 年 2 月)
4) 文部科学省　HP http://www.mext.go.jp(2015 年 2 月)
5) 外務省　HP http://www.mofa.go.jp(2014 年 2 月・2015 年 2 月)
6) 農林水産省　HP http://www.maff.go.jp(2015 年 2 月)
7) 厚生労働省　HP http://www.mhlw.go.jp(2015 年 2 月)
8) 国土交通省　HP http://www.mlit.go.jp(2015 年 2 月)
9) 独立行政法人 水資源機構　HP http://www.water.go.jp(2015 年 2 月)
10) アルミ缶リサイクル協会　HP http://www.alumi-can.or.jp(2015 年 2 月)
11) 放射線医学総合研究所　HP http://www.nirs.go.jp(2015 年 2 月)
12) Greenhouse Gas Protocol　HP http://www.ghgprotocol.org(2015 年 2 月)
13) United Nations Environment Programme　HP http://www.unep.org(2015 年 2 月)
14) UNESCO　HP http://www.unesco.or.jp(2015 年 2 月)
15) OECD　HP http://www.oecd.org(2015 年 2 月)
16) グローバルコンパクトジャパンネットワーク　HP http://ungcjn.org/gc/principles/(2015 年 2 月)
17) WBCSD　HP http://www.wbcsd.org/home.aspx(2015 年 2 月)

索　引

■あ行

アイゼンハワー大統領　19
アクティブタイプ　61・95
藪　151
イオウ酸化物　4・68・71・118・123
遺伝子組換え　102・105
遺伝子バンク　107
インターロック　137・184
インバースマニファクチャリング　177
ウィンドファーム　23・48・55
ウォーター・ニュートラル　97
ウォーターフットプリント　96
宇宙船地球号　188
奪われし未来　100
ウラン235　19・78・139
疫学調査　131・185
エコダンピング　114
エコツアー　187
エコツーリズム　102・187
エシカル　188
エネルギー基本計画　22・23
エネルギー供給事業者による非化石エネルギー源の利用及び化石エネルギー原料の有効な利用の促進に関する法律　45
エネルギーの使用の合理化に関する法律　3
エネルギー政策基本法　21
エネルギーマネジメントシステム　8・182

エネルギー密度　2
エルニーニョ　29・153
オイルサンド　33
オイルシェール　33・35
オーロラ　25
汚染者負担　125・169
オゾン層の保護のためのウィーン条約　26・147
温泉法　143

■か行

加圧水型原子炉　79
カーボンニュートラル　49・97・127
海面上昇　14・38・154
ガイヤ　99
核磁気共鳴画像診断法　142
拡大生産者責任　171・175
核爆弾　19
核分裂生成物質　84
核兵器の不拡散に関する条約　19
確率論的安全評価　81
カスケードリサイクル　117・119
仮想水　97
家畜改良増殖法　107
課徴金　38
環境税　38・210
環境と開発に関する国連会議　169

環境と開発に関するリオ宣言　　189・211
環境ホルモン　　100・133
環境マネジメントシステム　　169
漢方薬　　160・188
気候変動に関する国際連合枠組み条約
　　14・22・37・172・211
気候変動に関する政府間パネル　　12
キャピタル・ゲイン　　113
京都議定書　　22・36・88・211
グリーンニューディール政策　　41
グリーンポイントマーク　　112
クリプトン85　　140
クローニング技術　　105
珪化木　　69
軽水炉　　79
原子力規制委員会　　22
公益事業規制政策法　　40
光化学オキシダント　　27・89・147
光化学スモッグ　　27・147
抗生物質　　88
高速増殖炉もんじゅ　　135
交通需要マネジメント　　181
幸福度　　202
コーポレートファイナンス　　197
国際金融公社　　196
国連開発計画　　201
国連人間環境会議　　188・204
国連ミレニアム宣言　　95
コジェネレーション　　40
国家環境政策法　　193
コンバインドサイクル発電　　72
コンピュータ断層撮影法　　142

■さ行

細胞融合技術　　104
再来期間　　29・153
砂漠化　　155
三峡ダム　　50
三条委員会　　22
酸性雨　　5・38・71・158
三方よし　　111
シーア・コルボーン　　100・133
ジェームス・ラブロック　　99
シェールガス　　33・34・97
資源生産性　　171・215
資源の有効な利用の促進に関する法律
　　175
持続性の高い農業生産方式の導入の促進に
　　関する法律　　104
シックハウス症候群　　131
シューハートシステム　　7
出荷制限　　83
受忍限度　　195
循環経済の促進及び廃棄物の環境保全上の
　　適正処理の確保に関する法律　　113
昇華　　58・151
使用済小型電子機器等の再資源化の促進に
　　関する法律　　174
常陽　　81
食品循環資源の再生利用等の促進に関する
　　法律　　86・104・168
植物工場　　101
知る義務　　135
知る権利　　133
水銀　　5・115・129・174
水銀に関する水俣条約　　72

水平リサイクル	117・119
スーパーフェニックス	81
スコープ1	172
ストレステスト	82
ストロンチウム90	139
スペースデブリ	158
スマートグリッド	3・7・41
スマートシティ	216
スローフード	186
スローライフ	187
製造物環境責任	111
製造物責任法	111
生物多様性基本法	165
生物の多様性に関する条約	106
石炭化学	71
石炭ガス化複合発電	72
赤道原則	197
石油代替エネルギーの開発及び導入の促進に関する法律	18
石油備蓄基地	11
セシウム137	139
絶滅のおそれのある野生動植物の種の国際取引に関する条約	89
全球凍結	158
送電ロス	6

■ た行

タールサンド	34
第一次オイルショック	4・8・16
大気汚染防止法	39・74・132
大強度陽子加速器	84
第二次オイルショック	10・35

太陽電池	40・61
太陽風	25
ダウンバースト	151
たたら鉄	47・126・128
竜巻	148・151
地球の掟	169
窒素酸化物	5
鳥獣の保護及び狩猟の適正化に関する法律	166
沈黙の春	17・99
電気事業者による再生可能エネルギー電気の調達に関する特別措置法	42
電気事業者による新エネルギー等の利用に関する特別措置法	42
電気自動車	6・179・180
電気法	41
デング熱	150
総合資源エネルギー調査会	22
特定外来生物による生態系等に係る被害の防止に関する法律	159
特定家庭用機器再商品化法	168
トリチウム	140

■ な行

流れ込み式小水力発電	52
ナルマダ救済運動	196
日本原子力研究開発機構	20
日本農林規格	103
人間開発指数	201
人間開発報告書	201
ネガティブ情報	209
ネガティブスクリーニング	209

ネガティブリストによる規制　　132
熱帯性伝染病　　14・38
熱波　　13・148
燃料電池　　6・180
燃料電池自動車　　180
農林物資の規格化及び品質表示の適正化に
　　関する法律　　102

■ は行

バードストライク　　55
ハーバーボッシュ法　　101
バイオインフォマティクス　　105
バイオスフェア2　　189
バイオセーフティに関するカルタヘナ議定書
　　106
廃棄物の処理及び清掃に関する法律
　　75・118・168
ハイブリット車　　179
ハサップ　　132
パッシブタイプ　　61
ヒートアイランド　　149
日傘効果　　157
非化石エネルギーの開発及び導入の促進に
　　関する法律　　18
ヒトゲノム　　105
非破壊検査　　141
雹　　151
氷河湖　　152
品質マネジメントシステム　　170
ファーマー　　104
ファイトレメディエーション　　120
フィードインタリフ　　40・42

フィヨルド　　152
フードマイル　　93
フードマイレージ　　91・93・103
フールプルーフ　　137
フェールセーフ　　137
フォード大統領　　17
フォールアウト　　136
フォルトアナリシス　　138・184
ふげん　　85
不都合な真実　　169
沸騰水型原子炉　　79
フライアッシュ　　72
プラグインハイブリット車　　179
プルトニウム　　19
プルトニウム239　　139
プロジェクトファイナンス　　197
米国再生再投資法　　41
ベースロード電源　　23
包装廃棄物政令　　112
ポジティブ情報　　209
ポジティブスクリーニング　　209
ポジティブリストによる規制　　132

■ ま行

松尾鉱山　　122
マラリア　　150
緑の革命　　17
ミレニアム開発目標　　96・203
メガソーラー　　30
メタンハイドレート　　35・76
メルトスルー　　82

メルトダウン　*82*
もんじゅ　*81・136*

■ や行

有機農業の推進に関する法律　*102*
容器包装に係る分別収集及び再商品化の促進等に関する法律　*113*
揚水発電　*51*
ヨウ素 131　*138*

■ ら・わ行

ラジウム温泉　*143*
ラドン温泉　*143*
藍藻類　*126・155*
リース取引に関する会計基準　*7*
リチウムイオン電池　*32*
リチャード・バックミンスター・フラー　*188*
硫酸ピッチ　*75*
レーチェル・カーソン　*17、99*
レントゲン検査　*142*
和牛　*87*

■ 英字

Atoms for Peace　*19*
BEMS　*7*
CEMS　*7*
CFRP　*71*
CSR　*124・184・206*
DSD 社　*112*
ECCS　*84*
ETA　*138*
FEMS　*7*
GHG プロトコルイニシアチブ　*171*
HEMS　*7*
IAEA　*19*
ICOMOS　*129*
ICRP　*140*
LRT　*181*
NaS 電池　*32*
NFFO　*41*
NPT　*20*
OPEC　*8*
PDCA サイクル　*170*
PM2.5　*72・132*
PRTR　*193*
REACH 規制　*192*
SDGs　*216*
SDS　*177*
SPF 値　*146*
SPM　*71*
UV-A　*145*
UV-B　*146*
UV-C　*146*
WBCSD　*171・213*
WMO　*16・147*
WRI　*171*

■ 著者紹介 ■

勝田　悟（かつだ　さとる）
1960年石川県金沢市生まれ。東海大学教養学部人間環境学科・大学院人間環境学研究科 教授（大学院研究科長）。工学士（新潟大学）[分析化学]、法修士（筑波大学大学院）[環境法]。＜職歴＞政府系および都市銀行シンクタンク研究所（研究員、副主任研究員、主任研究員、フェロー）、産能大学（現 産業能率大学）経営学部（助教授）を経て、現職。＜専門分野＞環境法政策、環境技術政策、環境経営戦略。社会的活動は、中央・地方行政機関、電線総合技術センター、日本電機工業会、日本放送協会、日本工業規格協会他複数の公益団体・企業、民間企業の環境保全関連検討の委員長、副委員長、委員、会長、アドバイザー、監事、評議員などをつとめる。

【主な著書】

[単著]

『科学技術の進展と人類の持続可能性』（中央経済社、2021年）、『環境政策の変貌　地球環境の変化と持続可能な開発目標』（中央経済社、2020年）、『環境政策の変遷　環境リスクと環境マネジメント』（中央経済社、2019年、『ESGの視点　環境、社会、ガバナンスとリスク』（中央経済社、2018年）、『環境学の基本　第三版』（産業能率大学、2018年）、『CSR　환경 책임（CSR環境責任）』（Parkyoung Publishing Company、2018）、『環境概論 第2版』（中央経済社、2017年［第1版2006年］）、『環境責任　CSRの取り組みと視点−』（中央経済社、2016年）、『生活環境とリスク−私たちの住む地球の将来を考える−』（産業能率大学出版部、2015年）、『環境保護制度の基礎　第三版』（法律文化社、2015年）、『環境学の基本　第二版』（産業能率大学、2013年）、『原子力の環境責任』（中央経済社、2013年）、『グリーンサイエンス』（法律文化社、2012年）、『環境学の基本』（産業能率大学、2008年）、『地球の将来　−環境破壊と気候変動の驚異−』（学陽書房、2008年）、『環境戦略』（中央経済社、2007年）、『早わかり　アスベスト』（中央経済社、2005年）、『-知っているようで本当は知らない-シンクタンクとコンサルタントの仕事』（中央経済社、2005年）、『環境保護制度の基礎』（法律文化社、2004年）、『環境情報の公開と評価−環境コミュニケーションとCSR−』（中央経済社、2004年）、『−持続可能な事業にするための−環境ビジネス学』（中央経済社、2003年）、『環境論』（産能大学；現　産業能率大学、2001年）、『−汚染防止のための−化学物質セーフティデータシート』（未来工研、1992年）など

[共著]

『先端技術・情報の企業化と法〔企業法学会編〕』（文眞堂、2020年）、『企業責任と法−企業の社会的責任と法の在り方−〔企業法学会編〕』（文眞堂、2015年）、『−文科系学生のための−科学と技術』（中央経済社、2004年）、『現代先端法学の展開〔田島裕教授記念〕』（信山社、2001年）、『−薬剤師が行う−医療廃棄物の適正処理』（薬業時報社；現　じほう、1997年）、『石綿代替品開発動向調査〔環境庁大気保全局監修〕』（未来工研、1990年）など

私たちの住む地球の将来を考える
生活環境とリスク 〈検印廃止〉

著 者	勝田 悟
発行者	坂本清隆
発行所	産業能率大学出版部
	東京都世田谷区等々力6-39-15 〒158-8630
	（電話）03（6432）2536
	（FAX）03（6432）2537
	（URL）https://www.sannopub.co.jp/
	（振替口座）00100-2-112912

2015年 7 月17日　初版 1 刷発行
2023年 6 月30日　 3 版 4 刷発行

印刷所・製本所　渡辺印刷

（落丁・乱丁はお取り替えいたします）　ISBN 978-4-382-05725-8
無断転載禁止